中国实验动物学会科普专项基金资助项目

与每个人有关的生物安全

中国实验动物学会组织编写

秦 川 杨 师 著

杨 师 绘画摄影

科学出版社

北 京

内 容 简 介

生物安全，与人有关；要点记全，健康相伴。本书以讲故事的形式，分别用小学生晓晓一家人的生活和中学生小于参观博物馆的经历，把相对枯燥的生物安全知识有机地串联起来，便于理解和记忆，让读者对生物安全有一个基本认知，增强生命安全意识。本书围绕公共卫生对学生进行生命通识教育。突出特点：一是内容权威，来自科研一线；二是贴近现实生活，实用；三是知识要点简便，容易记忆，便于快速掌握；四是本书采用的方法学可以用科学理论体系对其进行完美的诠释；五是采用轻松、愉快的行文方式，内容通俗易懂；六是借助简笔画简明、生动、活泼、幽默、传神的特点，发挥其独特的审美功效，可以培养与提升学生的形象思维能力、敏锐的观察能力、灵活的动手能力和审美能力，促进学生全面发展；七是将科学健康生活方式、博物学、生态环保、生态文明、人与大自然的关系、哲学、现代科学读物、美术、摄影艺术有机结合起来，满足读者多方位、多层次的阅读需求。

本书既可作为学校进行科普教育的参考读物，又可作为公众了解生物安全知识的宣传读物。

图书在版编目（CIP）数据

与每个人有关的生物安全/秦川，杨师著. —北京：科学出版社，2023.11
ISBN 978-7-03-076415-7

Ⅰ．①与… Ⅱ．①秦… ②杨… Ⅲ．①生物工程-安全科学-普及读物 Ⅳ．①Q81-49

中国国家版本馆 CIP 数据核字（2023）第 181658 号

责任编辑：周春梅 / 责任校对：王万红
责任印制：吕春珉 / 封面设计：东方人华平面设计部

科 学 出 版 社 出版

北京东黄城根北街 16 号
邮政编码：100717
http://www.sciencep.com

天津翔远印刷有限公司 印刷

科学出版社发行　　各地新华书店经销

*

2023 年 11 月第 一 版　　开本：B5（720×1000）
2023 年 11 月第一次印刷　　印张：10
字数：201 000

定价：60.00 元
（如有印装质量问题，我社负责调换〈翔远〉）

销售部电话 010-62136230　编辑部电话 010-62135763-2040

工作委员会

前 言

习近平在主持中共中央政治局第三十三次集体学习时强调，生物安全关乎人民生命健康，关乎国家长治久安，关乎中华民族永续发展，是国家总体安全的重要组成部分，也是影响乃至重塑世界格局的重要力量，并且指出，加强生物安全法律法规和生物安全知识宣传教育，提高全社会生物安全风险防范意识。

生物安全与人们的日常生活息息相关，与每个人都有关，是人生的通识必修课。因此，每个人都应该有生物安全的意识。

普及生物安全与生活安全知识，有利于提高全民生物安全意识；有利于消除人们对生物危害的盲目恐慌，科学指导人们的日常生活；有利于社会稳定与发展。

写作一本满足以下要求的通识科普读物很有必要，对国家、社会和个人都有益：科学合理、简便实用、能让人们快速了解生物安全概貌，既可作为学校进行科普教育的参考读物，又可作为公众了解生物安全知识的宣传读物；科普生物安全自然科学知识和社会科学知识相结合、科学和艺术相结合，珍爱生命，宣传生物安全法，提高公众的科学文化素质。

本书遵循学生认知发展规律，入门篇注重直观、贴近日常生活，讲述有趣而又感人的故事，从身边可见的、常见的有关人、事、物来启蒙，重在理解和感受，促进良好行为习惯和思想品德的养成、培育健康的人格，倾向于活动体验，以生活指导来了解知识，培养对自身和他人生命的关注和热爱之情；提高篇注重感性知识和理性认识，从历史发展过程来认知，从科学思想以及精神内涵来理解，逐步深化感性认知，提升理性认识水平，增强对生物安全的认识，重在认知和认同、理解和感悟，倾向于史实和故事的讲解、经验和理论的双向互动交流与讨论，促进道德品质、科学思维、哲学智慧和政治素养的养成。

本书看似简单地介绍生物安全知识，实则涉及生态环保、生态文明、人与自然的关系、科学生活方式等。本书内容通俗易懂，旨在使人们反思科学精神、科学思想、科学方法、科学思维方式、科学理念、科学人文精神。

本书具有以下特点。

（一）内容创新

1）属元科普的范畴。元科普是指前沿科学领域的一手素材、原创科普内容。本书为一线科技工作者的原创作品，旨在弘扬科学精神、传播科学思想、倡导科学方法，积极推动科普理念与实践双升级。

2）属一切科普方法基础的科普。本书创作团队着力挖掘反映科学方法传授、科学方法研究的小选题大寓意的选题，在科学传播实践、操作层面上汇集大量简便、实用、易学的来自一线的科普手段和方法技巧于本书中，深入、详尽、细致地探讨科普实践中大量的各类具体问题和操作技巧。本书采纳的方法学可以用科学理论体系对其进行完美的诠释。

（二）形式创新

1）创作手法独特有新意。本书采用科普创作三家合一模式组成有机合作的创作团队：科学家，科普作家，科学记者、编辑、出版家。科学家负责生产科普内容（特指元科普）。科普作家负责包装科普内容。科学记者、编辑、出版家负责传播科普内容。全书将科学健康生活方式、博物学、生态环保、生态文明、人与自然的关系、哲学、现代科学读物、美术、摄影艺术有机地结合起来，满足读者多方位、多层次的通识阅读需求。本书的创作力求简明、扼要、实用、重点突出、方法具体，以白描的创作方法，使枯燥的专业知识变得简单有趣，更加贴近生活、贴近现实、贴近读者，语言生动流畅、富有特色和感染力。

2）表现形式独特有新意。本书坚持思想性、科学性、艺术性、新颖性、独创性和实用性并举，注重自然科学与人文科学相结合、科学与艺术相结合，体现时代感。借助简笔画简明、生动、活泼、幽默、传神的特点，增添书中内容的直观性和生动性，使文字与画面融为一体，激发读者的阅读兴趣，培养读者的思维和想象能力，起到事半功倍的作用。本书以文艺的载体传播科学的理念。科学与人文有机结合，理性与感性有机结合；以科学事实为依据，内容科学严谨、理性，传播方式生动、感性。用感性的创作方法传播理性的科学内容，以达到新（原始创新、消化吸收再创新、集成创新）、特（特色、人无我有）、优（优质、人有我优、优中择优）的目的。生物安全不只谈及健康，还涉猎博物学，博物学最能提高科学素质，它与许多学科都有着密切的关系，大到宇宙形成、海陆变迁，小到日常生活、平时爱好，这些都与健康有着千丝万缕的联系。

本书得以顺利出版受益于中国实验动物学会科普专项基金资助项目评委的充分肯定，专家的认可帮助，领导的大力支持，学会的信息支持，研究者的无私分享，编辑的严谨求实、敬业认真、辛勤付出，朋友的真诚鼓励，家人的理解支持、奉献协助，要感谢的人太多，无法一一提及，在此一并致以诚挚的谢意。

本书创作团队由生物安全、人兽共患病及实验病理学、兽医学、病原学、病毒学、细菌学、微生物学、实验动物学、动物基因工程学、动物遗传育种学、病理学、病理生理学、生物信息学等专业的一线科研人员以及健康管理专家、资深策划及咨询顾问专家、科学传播专家组成，他们是我国生物安全研究的主力，具有权威性。他们来自从事生物安全研究的科研院所、高等院校、医疗机构、科学传播机构、行业学术团体等，来自专门从事生物安全和生活安全方面研究、普及相关知识、编辑出版相关书籍的专业权威机构，覆盖生物安全主要专业，创作团队每个成员的选用均考虑其涉及的领域、学科、专业、水平及其与生物安全之间的关联性等，分别属于生物安全研究、管理、教育、科技成果转化从业人员，具有代表性。创作团队以智力与技术高度密集的优势为先导、以专业为基础、以科研为优势、以"五化"（组织国队化、科研国际化、医教一体化、信息全球化、管理现代化）为特色，同时充分发挥专家云集、人才荟萃、信息畅通、联系广泛的整体优势，以创新的形式和内容为读者服务。

本书由秦川、杨师著，参与人员还有（以姓氏拼音为序）白琳、鲍琳琳、陈昱君、邓巍、董伟、高虹、高苒、关菲菲、孔琪、李静、李彦红、刘江宁、刘颖、卢天宇、吕丹、马春梅、马喜山、马元武、齐晓龙、宋铭晶、苏磊、苏美洋伊、孙彩显、唐军、王欣佩、韦荣飞、魏强、向志光、肖冲、许黎黎、杨博超、姚艳丰、于品、詹相文、占玲俊、张丽、张连峰、张钰等。中国实验动物学会提供设计的图标。对本书有各种贡献或帮助的人太多，难免挂一漏万，敬请被遗漏者谅解，在交流信箱（yangshi1963@126.com）中留言说明，以便今后再版时更正。

杨　师

于北京狮虎山居

目录
CONTENTS

入 门 篇

提 高 篇

入门篇

本篇以小学生晓晓一家人的生活为背景，以讲故事的形式科普小学生生物安全的知识，故事中的人物、情节纯属虚构，若有雷同，请勿对号入座。

生物安全是生物课要讲的内容吗

生物安全是生物安全了吗

 **读读故事**

"唉！"晓晓的奶奶从外面回来，把拎着的环保购物袋放到客厅。

"奶奶，您爱谁呀？"晓晓正在书房里看书，听见奶奶的动静，故意打岔道。

"你们，奶奶都爱！这不，到水果店给你们买的荔枝。"奶奶边回应晓晓，边把购物袋中用报纸包着的荔枝拿出来放到茶几上。

"膝盖突然疼起来了，估计要变天。唉！老毛病了。"奶奶自言自语道。

"阻挡不住的爱！"

"妈，您赶快先坐沙发上歇会儿，要不要去社区医院看看？"妈妈听见奶奶的话关心地说。

妈妈看见晓晓从书房里出来，冲着晓晓说："小猫钓鱼，三心二意。看书还搭什么茬呀？"

"晓晓，把荔枝拿来，洗洗，吃完再看书吧。"奶奶说道。

"妈，瞧您惯的。""好吧，反正'馋猫'出来了，吃吧。"当着孩子的面，妈妈不想与奶奶在琐事上争执。

妈妈把包荔枝的报纸顺手放到茶几上，拿着荔枝到厨房去洗。

客厅里，晓晓把茶几上的报纸展开，看着上面的漫画和文字，好学地念着报纸上认识的字，读出声来："生物安全。"

"妈妈，什么是生物安全呀？"他每个字都认识，却不明白说的是什么意思。

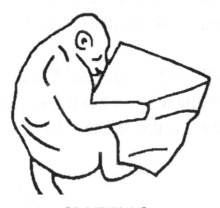

"我也看看新闻"

妈妈在厨房转过脸面对晓晓，亲切地说道："生物安全，准确的意思妈妈也说不好。从字面上看，生物包括动物、植物、微生物等，安全就是没有问题呗。"

"生物安全是生物安全了吗？"

看着晓晓疑惑的表情，妈妈觉得看起来非常简单的词，自己还真不太懂，无法给孩子一个准确的概念，又怕自己不到位的解释给孩子留下错误的印象，将来难以纠正，内心不由得有点自责。

"比如，新型冠状病毒肺炎疫情就是生物安全问题。"妈妈尽可能用孩子能理解的事例举例说明。

晓晓似懂非懂。

"生物安全是生物课要讲的内容吗？"晓晓追问。

"妈妈还没有看到你们的课本，不知道有没有。"妈妈也说不清楚。

母爱

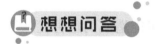 想想问答

什么是生物安全？

生物出现安全问题叫生物安全问题，而避免生物安全问题的发生与发展就是生物安全。生物安全不等于生物安全问题。

生物安全是生物安全了吗？

生物安全不代表生物具有安全性，即生物安全 ≠ 生物具有安全性，生物安全 ≠ 生物是安全的。

生物安全是生物课要讲的内容吗？

不是，说的不是一回事。

生活中，哪些是生物安全问题？

新型冠状病毒肺炎疫情就是生物安全问题。

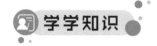 学学知识

生物安全问题

自 2019 年 12 月至 2022 年 3 月 6 日，全球累计新型冠状病毒肺炎（COVID-19）确诊人数已达 4.45 亿，累计死亡人数超过 602 万。COVID-19 疫情迅速蔓延，给国家的经济带来巨大的损失，给人民的生命财产造成极大的威胁。新型冠状病毒肺炎疫情就是生物安全问题。

生物包括动物、植物、微生物等，它们对人类健康、社会稳定和赖以生存的自然环境可能造成危害，出现安全问题，这叫生物安全问题。

生 物 安 全

避免生物安全问题的发生与发展、防范因此可能造成的危害就是生物安全，比如揪出传染源、斩断传播途径、保护易感人群等。

生物安全可以往小了说，也可以往大了说。往大了说，生物安全是解决生物本身及人类和周边环境有关的所有安全问题。换句话说，生物安全是指预防、控制与生物有关的各种因素对国家、社会、经济、生态环境及人类健康所产生的危害及潜在风险，包括人类的健康安全、农业生物安全和环境生物安全。

避避危险

不乱吐痰，不揉眼，不摸嘴、脸；聚分餐，好习惯；传染源，易感染。

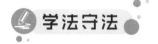

学法守法

　　生物安全，是指国家有效防范和应对危险生物因子及相关因素威胁，生物技术能够稳定健康发展，人民生命健康和生态系统相对处于没有危险和不受威胁的状态，生物领域具备维护国家安全和持续发展的能力。

生物安全跟我有什么关系

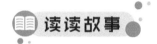

读读故事

　　晓晓背着双肩背书包，书包很大，鼓鼓的。他放学走进家门，把书包往沙发上一扔，"妈妈，我回来了！"

　　晓晓看见茶几上果盘里放着荔枝，高兴道："呀！有我爱吃的。"边说边拿起一个准备剥开。

　　妈妈正在厨房里做饭，听见晓晓的动静，急忙说："晓晓，洗手去，从外面坐公交车回来先洗手，尤其是吃东西前，怎么又忘了呢？"

　　"嘻嘻，我就知道您又这么说，故意的。"晓晓调皮地答道。

　　妈妈举着沾着面粉的双手，赶紧从厨房走到客厅，恐怕晓晓只说不做。

　　妈妈想起上次晓晓似懂非懂的表情，以及晓晓对妈妈回答生物安全问题时的疑惑，想借此机会再现身说法。

　　"外出回家要洗手。饭前要洗手，饭后要漱口；习惯成自然，百病全赶走。吃东西前不洗手，很容易把细菌、病毒、蛔虫卵等吃进肚导致得病，这就是具体的生物安全问题。"妈妈充满自信地告诉晓晓，她觉得这个例子是不会把生物安全通俗化错的。

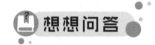

想想问答

生物安全跟我有什么关系？

每一个与生物有关的因素都涉及生物安全问题，生物安全与人们的日常生活密切相关，涉及每一个人的生活安全，是健康必须采取的措施。生物安全跟每个人都有关系。

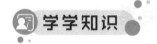

学学知识

大 肠 杆 菌

为人们熟知并与人们的生活密切相关的大肠杆菌，其实全名为大肠埃希菌（*Escherichia coli*），1885 年被年仅 28 岁的德国医生特奥多尔·埃舍里希（Theodor Escherich）发现，并因此而得名。

在相当长的一段时间内，大肠杆菌一直被当作肠道的"好伙伴"。1982 年，大肠杆菌被首次确认为致病菌，并引起人类的注意。

1982 年，美国首次报道了大肠杆菌 O157：H7 引起的致病性大肠杆菌病出血性肠炎，表现为腹部剧烈痉挛性疼痛、水样便，继之有类似下消化道出血的血性排泄物，能引起严重腹泻和败血症，患者不发热或低热，还可形成溶血性尿毒综合征（hemolytic uremic syndrome，HUS）、血栓性血小板减少性紫癜（thrombocytopenic purpura，TTP）等，病死率高达 10%。男女均可致病，儿童和老年人的发病率明显高于其他年龄组。患者具有难以治愈、病死率高、极易复发等临床特点。

日常生活需要采取的措施

用手拿取物品，接触病原体的机会更多，人际交往中的握手可以增加病原体的传播概率，所以手比脚脏，要认真洗手。

　　洗手要在流动的水下进行，使用肥皂或洗手液，包括手心、手背、手掌、指尖、拇指及手腕等部位，最少持续 20 秒钟。

　　日常生活中，每个人都离不开吃、穿、呼吸等。随着人类活动的增加，生物多样性被破坏，外来生物入侵，造成生态平衡被破坏。环境污染的加剧，以及传染病问题的日益突出，使得生物安全问题日益严峻。

避避危险

　　人聚餐，要分餐。

　　勤洗手，记要点，避脏沾。

学学知识

　　病原微生物，是指可以侵犯人、动物，引起感染甚至传染病的微生物，包括病毒、细菌、真菌、立克次体、寄生虫等。

吃东西与生物安全有什么关系

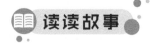

"妈妈，我饿了。"晓晓放学进家门说道。

晓晓进门时，妈妈已经在厨房忙碌好一会儿了。晓晓正在长身体，所以妈妈尽量让晓晓在家的每餐都不重样，今天的晚餐是鱼头炖芋头豆腐，还有山药冬瓜汤，主食是葱花饼。

妈妈在客厅站起身对晓晓亲切地说道："放学回来了。先洗手，饭做好了，妈给你做了好吃的，就等你回来吃呢。"

"妈妈，我可爱你了！"

晓晓洗过手后，坐在餐桌旁狼吞虎咽地吃着葱花饼。

晓晓吃完饭要起身，盘子里散落着饼渣。

妈妈见状，微微摇了摇头说："晓晓，古诗怎么说来着？'锄禾日当午，汗滴禾下土，谁知盘中餐，粒粒皆辛苦。'你吃的饼要经过多少人的辛苦付出、多少个环节、多少道安全保障才能到你的嘴里，多不容易呀，而你却浪费掉了，所以你要都吃干净再去玩。"

妈妈望子成龙，希望孩子长大成人后是个对社会有用的人才，时时从小事抓起，培养晓晓良好的生活习惯，发现问题及时纠正。

双目深情相望

妈妈一直记着晓晓以前问的问题，总是担心没有完全让他明白，想彻底让他理解生物安全的概念，掰开揉碎地反复强化词的意思。

"生物安全还包括食品安全。你吃的饼，从种植麦子到加工成面粉，再到包装、储藏、运输、买卖等，每一个环节都涉及生物安全。食品安全与人类健康密切相关。"妈妈特别有家长的成就感，觉得自己像个专家，回答这样的问题易如反掌。

"还有，妈妈给你的零花钱不要乱花瞎买，去买路边无证照的小摊食品。这些食品不只是不卫生，质量也没法保证，还可能添加了有害物质，容易引起食物中毒，有食品安全风险。"妈妈补充道。

"再者说，即使食品是安全的、没问题的，也要优先考虑成分是原形、原味、原产地的食品，把钱花在真正对身体有好处的食品上，口感好的有些成分对健康有害，不值得花钱买病。"

"好吃美味的食品不一定有营养、安全，最好是吃原汁原味的食品。"妈妈叮嘱着。

"妈妈带你们去！"

想想问答

吃东西跟生物安全有什么关系？

生物安全还包括食品安全。食品要经过好多道安全保障才能让人吃了不生病，每一个环节都涉及生物安全。

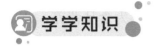 学学知识

沙门氏菌

1885 年，美国病理学家丹尼尔·埃尔默·萨蒙（Daniel Elmer Salmon）从霍乱流行期间的病猪体内分离得到一株新的细菌，并将其命名为"沙门氏菌属"。

2010 年，美国发生了沙门氏菌疫情，调查发现是由于餐厅用生鸡蛋制作沙拉或向餐汤里打入了生鸡蛋，由污染了沙门氏菌的生鸡蛋引起的。

男女老幼均可发病，儿童的发病率较高。临床表现为发热、食欲不振、便秘或呕吐、腹泻等。

临床诊断症状可分为三型，即胃肠炎型、败血症型和局部感染化脓型，其中以胃肠炎型即食物中毒最为常见。通过病原体检测，在患者血液中分离到沙门氏菌，可以确诊为该菌感染。

食品的安全、营养与健康

食品安全涉及食品卫生、食品质量、食品营养等相关方面的内容，以及食品（食物）种植、养殖、加工、包装、储藏、运输、销售、消费等环节。我国食品供给数量问题解决之后，主要是食品质量问题。

工业项目的大量建设，使水源和耕地受到不同程度的污染；农药、化肥的过量使用，使农副产品中有害残留物严重超标已相当普遍；畜禽养殖和食品加工中过量使用抗生素或违禁使用添加剂、激素，使食品中的有害残留增加；食品加工、运输、储存等环节的设施落后，导致食品后续污染；一些地方市场秩序混乱，制售有害食品的不法行为屡禁不止等，这些因素使得食品污染问题日益突出。

安全的食品不一定都是有营养的，有营养的食品不一定都是健康的。食品的健康和健康的食品不是一个意思，但同样重要。

食品分为三个层面，最底层是食品安全，其上层为食品营养，最高层为食品健康。食品的健康需要食品安全，健康的食品需要食品科普教育。食品营养是建立在食品安全之上的，没有食品安全，食品营养和食品健康都等于零。

✚ 避避危险

小吃摊，证要全，有质检，有监管。

无染疾患，无肉腐烂，无垃圾伴，无废水沾。

动物伴，防护全。

禽制餐，知来源。

吃蔬果，干净含。

食生鲜，若野物伴，有疫检。

生熟餐，不混沾。

肉和蛋，吃熟餐。

面对面，吃着饭，不叫喊。

多人餐，要分餐。

📖 学学知识

国家根据病原微生物的传染性、感染后对人和动物的个体或者群体的危害程度，对病原微生物实行分类管理。

打针吃药与生物安全有什么关系

📖 读读故事

"阿嚏——，阿嚏——！"晓晓不由得打了几个喷嚏。

"你看，不注意立刻就有反应。从外面跑得一身汗，马上就脱衣服，着凉了吧，应该缓穿缓脱，得有个适应的过程呀。"妈妈唠叨着以前说了不知多少遍的话，像复读机一样重复播放。

"妈妈，我是不是又要吃药了？"晓晓怯声怯气地问。

"别怕！"

"刚有苗头，先不用吃药。"妈妈答道，她想利用疾病是最好的教育方法来教育晓晓，以适当的挫折教育让晓晓反思其行为。

"对于常见的小毛病，不能杀鸡用宰牛刀。在康养和治疗方面，饮食比药物更重要。饮食是防治疾病的重要手段。食物与药物都有治疗疾病的作用，但人们每天都要吃食物，食物与人们的关系比药物更密切。"妈妈把饮食的重要性强调了一番。

"三分吃药，七分调理。调理能起到加强营养和防治疾病的作用，还没有不良反应。小病先找厨师。治疗常见的小毛病，采用食养、食疗、药膳、吃药的递进治疗方法。换句话说，能用药膳治好的不用吃药，能用食疗治好的不用药膳，能用食养解决的不用食疗，避免过度医疗、药物依赖、细菌耐药。"妈妈接着说。

"食养和食疗不都是靠吃吗？一样呀！"晓晓不解地问。

"食养和食疗不一样。举个例子说吧，你饿了，吃顿饭就不饿了，饭中的营养维持了你身体的需要，这是食养；假如你因缺乏维生素导致身体不舒服，适当多吃些富含维生素的蔬菜和水果，很快就会使症状减轻，这是食疗。"妈妈用自己熟悉的内容来举例说明。

"而药膳就复杂了，等你们小学开中医知识入门课后就容易理解了。"说着，妈妈走到书架旁，从中拿出一本《药膳学》。

"简单地说，药膳是以食物为主、药食同源的食物为辅，还要做得好吃，具有一定的色、香、味、形、效，通过食物、药物的偏性来矫正脏腑的偏性，达到养生保健、辅助防治疾病、延年益寿的目的。"妈妈边翻着书，边用自己理解的内容跟晓晓说，没有指望晓晓能听明白，不知他能理解多少。总之给孩子熏熏耳朵，让他对药膳有个印象。

"药膳中的药不是随便加的，作为药方中的药是不能加入膳中的，一定是原卫生部（今国家卫生健康委员会）公布的《既是食品又是药品的物品名单》中的物品，是食药同源的物品。既不是吃的东西里加入药就是药膳，也不是吃的东西里加入维生素和微量元素就是药膳。药膳不等于保健食品，不能替代医疗，需要在医生指导下使用，自己不能乱配方。"妈妈看到书中的注意事项强调着。

"吃有三个层面：为嘴吃，满足嘴的偏好，比如我爱吃香脆的，仅仅是口感好；为脑吃，满足爱好，比如我想吃酸的，可能是个人爱好，也可能是身体发出需求的信号；为体吃，满足强身健体的需要，比如我要吃杂的，不一定都是自己喜欢吃的。"妈妈是个美食爱好者，对吃颇有研究。

"要科学合理地用药。药物可以包治百病，没病服药也可健身，视药物为洪水猛兽，害怕药物的某些不良反应，盲目或无根据地不服药或少服药，中药全是安全、无毒副作用的，这些都是错误认识。"妈妈言归正传。

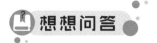 想想问答

不舒服是不是一定要吃药？

不一定。有时候不舒服不用吃药也能好，需要遵医嘱。

打针、吃药跟生物安全有什么关系？

生物安全与药品、生物制品密切相关，打针、吃药有可能发生生物安全问题。

是防病治病，还是防病致病？

防治疾病的过程中有可能导致新的疾病。要科学合理地用药，避免过度医疗、药物依赖、细菌耐药。

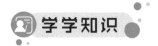 学学知识

结 核 病

1882 年，德国科学家罗伯特·科赫（Robert Koch）发现结核杆菌，

可引发白色瘟疫。结核病一度在欧洲成为一种贵族病。

1943 年，美国科学家塞尔曼·瓦克斯曼（Selman Waksman）发现链霉素能抗结核杆菌，使结核病得到控制，而不再采用迷信的方法来治疗。1945 年，由于联合用药及有效防控，结核病的感染人数急剧下降。但 20 世纪以来结核病又经历了三次回升，前两次是在两次世界大战期间，第三次自 20 世纪 80 年代中期起延续至今。主要是人口迁移、结核病与艾滋病的合并感染、耐药结核杆菌的发展变异所致。

结核病是慢性传染病。感染后早期即潜伏感染期可能表现为无症状；随着感染的加重，可能出现低热、咳嗽、咯痰、食欲减退等症状。

患者常以肺结核为主，肺外结核以肠、骨结核最为常见，活动结核期也可见肾和脑结核。原来已经治愈的结核病患者，一旦身体抵抗力降低，仍有可能再次发病。

生物安全与生命安全

生物安全与药品、生物制品之间的关系，如同人类的衣食住行一样，关系到每一个人的切身利益。往小了说，关系到每一个人的健康和生命；往大了说，关系到国家和民族的富强与安危。

生物安全和安全用药的关系是防病治病，还是防病致病？我们如何通过正确地使用药品和生物制品来确保生物安全，确保人类自身的健康和生命安全呢？首先在确保科学用药、合理用药的同时，需要正确对待药物，尽量减少对药物的依赖，减少使用不必要的药物，可以口服药物治疗好的尽量不要打针，避免滥用生物药品和生物制品的危险。

➕ 避避危险

想治患，不招患。

治疾患，药可减，定要减。

药相关，不用滥，去弊端。

学法守法

微生物耐药，是指微生物对抗微生物药物产生抗性，导致抗微生物药物不能有效控制微生物的感染。

不舒服与生物安全有什么关系

📖 读读故事

"妈妈，我没有吃药，感冒就好了，我同学芳芳也感冒了，她妈带她去医院，看病吃药才好了，为什么她就要吃药呢？"晓晓不解地问。

"待在妈妈身上很安全！"

"你们两个虽然都是感冒，但情况不一样，引起感冒的原因有很多，细菌、病毒都可以引起感冒。"妈妈答道。

"人一不舒服就想到医院看病，希望能赶快治好。医院是治病、减轻病痛的主要地方，也是各种患者、细菌、病毒最集中的地方。也就是说，到医院看病有可能接触到更多的细菌和病毒。如果不注意防护，有可能感染到其他疾病，即发生传染病。除非必须去医院，否则尽量不要去，别因看病添出病来。脑子里要时刻有根'弦儿'，加强自我保护意识，能吃药治好的尽量不要打针。"

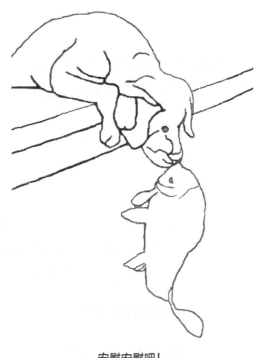

安慰安慰吧！

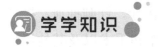

不舒服跟生物安全有什么关系？

不舒服有可能是生病了，生病了就有可能去医院看病，但要注意去医院看病别添出病来，注意防范医院环境中的病原微生物对人体的危害。

病原体侵入人体的方式

在医院，病原体侵入人体的方式主要包括接触传播、经血传播、空气传播。

接触传播包括患者或带菌/病毒者直接传播给其接触者，以及医务人员与患者之间的频繁接触，通过污染的手在患者之间传播感染。

乙型肝炎病毒、丙型肝炎病毒、艾滋病病毒、巨细胞病毒及弓形虫等均可通过输血或血制品、使用被这些病原体污染的静脉补液和侵入性医疗设备（如各种针头、插管、导管、内镜、透析装置和呼吸机等）等经血传播。

医院环境中的任何物体都可能是病原体的来源，包括患者、患者的家属、医院的工作人员（医生、护士等）、被污染的医疗器械/用具、环境和空气等。

呼吸道传染病的患者通过呼吸、打喷嚏或吐痰，将病原体散发到空气中，再加上医院的人群密度较大，到医院看病或访问的人群将该病毒通过呼吸道吸入体内，在机体缺少抵抗力的情况下，导致疾病发生。

传染性肝炎

乙型肝炎是由乙型肝炎病毒引起的，俗称乙肝，是一种感染率很高的传染病。在我国感染者大约有 1.4 亿人，约占全国人口的 1/10。临床上多数起病缓慢，主要表现为食欲减退、乏力、腹部不适及右肋部隐痛。小部分人可出现黄疸、关节痛、皮疹和低热，病情轻重差别较大，轻者为隐性感染，仅在化验检查时偶然发现；重者可发生急性或亚急性重型肝炎，在短时期内因急性肝功能衰竭而死亡。据统计，有 10%～15% 的乙型肝炎发展为慢性肝炎，部分还可进而发展为肝硬化。

乙型肝炎的传播途径：在医院等医疗机构，输入来自感染乙肝患者的血液或带有乙肝病毒的血制品，在接受注射、拔牙、针刺抽血、接种疫苗、血液透析等各项医疗检查、侵入性诊疗操作和手术以及其他诊疗活动中，使用被乙肝病毒感染患者使用过未经严格消毒的侵入性医疗器具所发生的血液传播；在分娩时接触乙肝病毒阳性母亲的血液和体液传播的母婴传播；日常生活中的同餐共用餐具、共用牙刷、茶杯、接吻、性生活等密切接触传播。

丙型肝炎由丙型肝炎病毒引起，是通过输血或血制品、血透析、单采血浆还输血球、肾移植、静脉注射毒品、性传播、母婴传播等引起的。丙型肝炎的临床表现与乙型肝炎相似，分布较广，更容易演变为慢性肝炎、肝硬化和肝癌。

预防传染病的措施

慢性病复诊等情况一定要提前进行预约，了解医院的就诊流程，带全就诊卡和病历资料等，做好充分的准备，减少就诊次数和在医院的停留时间，防止交叉感染。

用手接触医院公共区域，如电梯、公厕，应使用纸巾或一次性手套等加以防护，接触了医院的门把手、门帘、医生白大褂等医务用品后一定要洗手，与患者密切接触要加防护，否则病原体容易通过呼吸道、消化道、皮肤黏膜、血液、体液等进入人体，引起交叉感染。

防止病原微生物对人体的危害，就像握紧的拳头，手心是防止病原微生物的入侵，手背是提高机体的防御能力，缺一不可。

避避危险

一见面，拱手添。

不叫喊，文明添。

咳嗽般，远身边。

喷嚏显，远人前。

好习惯，不揉眼。

抠鼻眼，手不干。

摸嘴脸，手不干。

封闭店，汽车站，火车站，地铁站，航站楼，各医院，影剧院，楼里面，市场圈，庙会玩，公众段，气流欠，人多乱，多病原。

电梯间，不交谈。

有疾患，除急变，要约看。

门开关，门帘掀，电梯按，公厕垫，医用件，在医院，不裸手办。

未防前，患者伴，口鼻眼，流的涎，咯的痰，出的汗，大小便，不触粘。

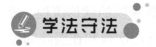

学法守法

生物因子，是指动物、植物、微生物、生物毒素及其他生物活性物质。

动物与生物安全有什么关系

宠物和人一样也会生病

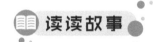 读读故事

"妈妈，你看这是什么？"晓晓抱着一只白色小狗高兴地边说边从外面回到家里。

"告诉妈妈一个秘密！"

"你从哪里弄来的狗？"妈妈疑惑地问。

"我看它在路边草丛里，哆哆嗦嗦，一直在那里好长时间了，没有

人管，我就抱回来了。"晓晓边说边抒着狗毛。

"真好玩！"

"晓晓，赶快把它放下来，赶紧洗手去。"妈妈催促着晓晓。"这么小的狗不太像走丢了，倒像是被遗弃的，狗主人太没有道德，这样做是违法的。"妈妈自言自语地猜测着。

"喂，流浪动物收留中心吗？我这里有一只被遗弃的狗。"妈妈拨通了流浪动物收留中心的电话。

"不嘛，我要养。"晓晓着急地打断妈妈的话。

"先洗手，妈妈慢慢跟你说。"妈妈耐着性子说道。

"洗完了。"晓晓的手在水龙头下沾湿，划拉一下，看起来很不开心。

"接触过宠物或清理完宠物粪便后，要及时、认真、用正确的方式洗手。洗手要在流动的水下，使用肥皂或洗手液洗 20 秒钟以上，包括手心、手背、手掌、指尖、拇指及手腕等部位。"妈妈说道。

"没有见过谁洗手还看表的。"晓晓倔强地抬杠。

"一直洗，默唱生日快乐歌两遍，最短也要有默唱两遍的时间呀。"妈妈知道晓晓用对付的方式抵制她，把 20 秒钟的时间量化成具有可操作性的默唱生日快乐歌两遍。

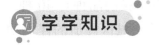

想想问答

动物跟生物安全有什么关系？

动物可能出现安全问题，即生物安全问题，而避免生物安全问题的发生与发展就是生物安全，因此，动物跟生物安全密切相关。

遗弃所养伴侣动物为什么是违法的？

养犬人不得遗弃所养犬，养犬人放弃所养犬的，应送他人饲养或交各区县养犬管理部门。流浪动物收留中心和动物保护组织可以收养流浪犬和遗弃犬。《北京市养犬管理规定》等法规规定，不得虐待、遗弃所养伴侣动物。市公安机关设立犬类留检所，负责收容处理养犬人放弃饲养的犬、被没收的犬以及无主犬。

学学知识

猫 抓 热 病

猫抓热病是人被咬伤或抓伤后感染了汉赛巴尔通体（*Bartonella henselae*）进而引起的发热性传染病。

猫抓热是巴黎大学儿科医生罗贝尔·德布雷（Rober Debre）在 1931 年发现并报道的，1950 年根据猫抓伤后引起区域性浅表淋巴结肿大被命名为猫抓热。

1983 年韦尔（Wear）等用银染和革兰氏染色的方法在疑似患者淋巴结组织内检测到革兰氏染色呈阴性、Warthin-Starry（WS）染色呈黑色的短棒状杆菌，确定了致病菌。随着检测技术的发展，进一步明确该致病菌为汉赛巴尔通体。

患者被猫抓伤或咬伤后，受伤部位的皮肤出现暗红色丘疹（肿胀）并伴化脓灶，有时伴结痂，同时还引起淋巴管的感染，俗称"起红线"。

患者伤口愈合缓慢，持续发红。

42%的患者在发病早期会出现皮肤病变。腋窝淋巴结肿大约占44%，腹股沟淋巴结肿大约占27%，颈部淋巴结肿大约占22%，肘部淋巴结肿大约占7%。患者80%出现淋巴结压痛，70%出现低热，45%出现皮肤病变，35%出现全身倦怠头痛，3%出现视力障碍。

宠物身上有一些病原体，比如常会有一些体外寄生虫或真菌，可以引起人类严重的疾病。

常　见　宠　物

犬和猫是最常见的宠物，属于伴侣动物。在我国，2021年伴侣动物犬约占全部宠物的50%，伴侣动物猫约占全部宠物的25%，具体比例可能会随着数据来源和统计方法的不同而有所变化。

截至2019年底，世界上有犬种1400多种，其中定类的有500多种，现存的犬有450种左右，《世界名犬》里收录的有240多种；国际爱猫联合会（The Cat Fanciers' Association，CFA）收录猫的品种有40种。我国经过注册的伴侣动物已经超过1亿只，其中北京城区注册的伴侣动物犬就有100多万只，还有大量尚未注册的宠物。据不完全统计，我国大陆有犬2亿只、猫0.8亿只。

随着宠物种类的多元化发展，宠物饲养种类逐渐多元化，除了猫、狗、鸟、鱼等传统宠物外，许多另类宠物也进入了人类的家庭，日渐成为人类新宠，新兴宠物数量也正迅猛增长。

猫（陈昱君摄影）

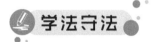

避避危险

动物边，要离远，防要严，防护全。

宠物伴，亲有间，不搂抱缠，不吻舔，不对嘴餐，不共枕眠，不同浴盥。

抓伤面，有风险。

公母恋，远离点。

宠物蹿，远水源。

学法守法

国家保护野生动物，加强动物防疫，防止动物源性传染病传播。

知识环岛

犬常患疾病

（一）皮肤病

犬是人类最好的朋友，它们最常见的疾病是皮肤问题。犬皮肤病病因有很多，表现复杂，常见的几种皮肤问题如下。

1. 外寄生虫、感染

跳蚤、虱、蜱等是犬体表常见的外寄生虫，它们叮咬犬的皮肤，吸食其血液，引起其皮肤瘙痒、被毛粗乱；严重时可导致犬脱毛、体弱贫血。

该病主要通过在犬体表发现活的虫体，毛根处有跳蚤粪便和虱卵，犬突然性瘙痒、舔咬及叫唤等来确定。

2. 钱癣病

钱癣病主要是由小孢子菌或毛癣菌引起的。

该病为接触性感染,这种真菌存在的范围非常广,在地毯、草地、土壤中都可以生存。

犬感染后表现为成片地掉毛,并不停地搔痒。

该病主要靠显微镜检查来确定,人也能感染这类真菌。

3. 犬皮肤细菌感染

犬皮肤细菌感染,又称犬脓皮症,引起该病的病原菌为葡萄球菌。表现为皮肤脓疱疹、毛囊炎等症状。

4. 皮肤螨虫感染

皮肤螨虫感染主要表现为毛囊红肿、脓疱、脱毛和瘙痒。

该病主要通过在显微镜下检查皮肤刮取物来确定。

5. 皮肤过敏反应

皮肤过敏反应分为急性过敏反应和慢性过敏反应两种。

急性过敏反应常发生在食入或注射药物后立即出现丘疹和瘙痒症状,严重的还出现休克甚至死亡。

慢性过敏反应表现为全身起红疱、丘疹、瘙痒、皮肤掉毛,有的还伴有呕吐和腹泻等症状。

慢性过敏或局部性反应的主要原因:①外寄生虫,如蚤、虱、蜱的口器、唾液、排泄物过敏;②皮肤螨虫过敏;③浴液过敏;④食物过敏。

6. 内分泌机能异常

内分泌机能异常,如雌激素过剩、肾上腺皮质机能亢进、甲状腺机能减退或营养缺乏等也可导致皮肤疾病。

常见的症状有脱毛、毛囊颜色变黑成为黑头粉刺、皮肤鳞屑增多、瘙痒等。

该病主要通过皮肤的特异性变化和全身机能状态改变来确定。

（二）体内的寄生虫和有害生物

伴侣动物犬（尤其是幼犬）常见的第二类疾患是体内的寄生虫和有害生物。

体内的寄生虫和有害生物，如钩端螺旋体能寄生在肾脏或肝脏内，人和伴侣动物得了这种病会引起炎症，表现为黄疸、血尿、发热等，如果不及时治疗会有致命危险。

蛔虫、弓形虫、绦虫、钩虫等都属于人兽共患的寄生虫，伴侣动物到过的地方、伴侣动物的粪便中都可能带有寄生虫的卵。

寄生虫的卵在自然环境中可以生存几个月。因此，只有经常打扫卫生，经常为伴侣动物用具、餐具消毒，才能防止该病。

（三）传染性疾病

传染性疾病包括犬瘟热、狂犬病、犬细小病毒病等。

1. 犬瘟热

犬瘟热是由犬瘟热病毒感染引起的一种接触性传染病，病症复杂，致死率高，是危害犬类的第一大传染病。

犬瘟热病毒遍布世界各地，一年四季均可发生，多发于冬、春寒冷季节，不同年龄、性别和品种的犬均可感染，幼犬和纯种犬更易感染。

病犬为主要传染源，病犬的鼻液、唾液、泪液、呼吸道飞沫、组织器官、血液中有大量病毒，并能通过尿液长期排毒。有的病犬恢复正常后，可长时间向外排毒，成为带毒犬，也是不为人注意的传染源。

试验表明，犬瘟热的传播途径主要是呼吸道，其次是消化道。犬瘟热病毒可感染多种细胞与组织，危害严重。

病犬表现为体温升高、食欲降低、精神不佳，病情急剧恶化，多数病犬死亡。

2. 狂犬病

狂犬病是一种人兽共患的死亡率极高的传染病,狂犬病毒可以引起该病。

病犬主要表现为狂躁不安、意识紊乱、攻击人畜,最后发生麻痹而死亡。

狂犬病毒主要存在于患病动物的脑组织和脊髓中。病犬的唾液腺和唾液中也有大量病毒,并随唾液向体外排出。因此,当动物被病畜咬伤后,就可感染发病。

除此之外,很多野生动物,如狼、狐、鹿、蝙蝠等感染该病后,不仅可发病死亡,而且可扩大传播。例如,有些品种的蝙蝠,感染狂犬病毒后经常袭击人畜,使人畜感染发病。

狂犬病多是由携带狂犬病毒的犬、狼、猫、鼠等肉食动物咬伤或抓伤而感染导致的。呼吸道分泌物及尿液污染的空气也可引起人畜的呼吸道感染。已感染狂犬病毒未发病的动物同样能使人患狂犬病。

人发病表现为狂躁不安、恐水、流涎和咽肌痉挛,终至发生瘫痪而危及生命。

3. 犬细小病毒病

犬细小病毒病是危害犬类的主要的烈性传染病之一。该病发病迅速,传染性极强,死亡率较高,一年四季均可发病,以冬、春季为高发期。

犬细小病毒主要感染幼犬,病犬的呕吐物、唾液、粪便中均有大量病毒。康复犬仍可长期通过粪便向外排毒。有证据表明,人、虱、苍蝇和蟑螂都可成为携带者。

在健康犬经消化道感染病毒后,病毒主要攻击肠上皮细胞和心肌细胞,分别表现为胃肠道症状和心肌炎症状,病犬脱水、消瘦、被毛凌乱、沉郁、休克、死亡。从病初症状轻微到严重不超过2天。心肌炎型多见于幼犬,初期仅表现为轻微腹泻,继而出现呼吸困难、脉搏快等症状,常在数小时内死亡。

猫常患疾病

猫的外形甜美、温柔可爱，目前是国内家庭中最普遍的伴侣动物。

（一）皮肤病

猫易患的皮肤病多数与犬类相同，如体内外寄生虫的种类基本相同，但因为猫的身体构造特点和对病原体的耐受性与犬不同，所以猫对寄生虫敏感的部位和隐性感染的病原体与犬还是有一定差别的。

例如，猫被螨虫感染易得猫耳螨病。此病具有高度的接触传染性。病猫表现为耳部奇痒、不断摇头、不时地用后爪搔抓耳部、耳血肿、耳道中可见棕黑色的分泌物及表皮增生。继发性细菌感染可造成化脓性外耳炎及中耳炎，深部侵害时可引起脑炎，出现脑神经症状。

（二）体内的寄生虫和有害生物

1. 弓形虫病

弓形虫病为一种重要的人兽共患病。猫感染后，通常无明显症状，个别表现出体温升高、呼吸困难和肺炎等症状。虫卵随病猫的粪便排出体外，经饮食、接触而传染给人或其他动物。

2. 旋毛虫病

旋毛虫病是多种动物共患的寄生虫病，在疫区，以猫的带虫率为最高，其次是犬。

人大多通过消化道感染此病，表现为肠胃症状、全身水肿、高热、肌肉剧烈疼痛等。

（三）传染性疾病

1. 猫瘟热

猫瘟热，又称猫泛白细胞减少症，是猫的一种急性接触性传染病，由细小病毒属的一种病毒引起。

病猫表现为突发高热、呕吐、腹泻、脱水、循环障碍及白细胞减少。

几个月的幼猫多急性发病，高热、呕吐、突然死亡。成年猫多表现为高热、鼻有黏性分泌物、粪便黏稠样、严重脱水、贫血。

2. 狂犬病

狂犬病最初由疯狗引起，但感染病毒的猫也是重要的传染源。

携带病毒的猫更容易与人亲密接触，突然攻击并抓伤人的头、颈、面部等重要部位，导致人患上此病。

3. 猫传染性腹膜炎病

冠状病毒可以引起该病，具有高度传染性。

发病初期表现不明显，但随着病程的发展而逐渐明显。病猫多数出现体重减轻、食欲减退、呼吸困难、逐渐消瘦、贫血等症状。发病后期，猫因高度脱水而休克，最终死亡。少数病猫出现眼部角膜水肿、中枢神经受损、黄疸或肾功能障碍等不同症状。

兔常患疾病

（一）皮肤病

兔的皮肤病中最常见的是兔螨病。兔螨可以引起该病，是一种慢性皮肤病。

病兔的足、爪、鼻和外耳部等处出现剧烈痒痛、皮肤发炎甚至脱毛等症状，病兔到处摩擦、搔抓或啃咬，食欲不振，日渐消瘦，贫血。该病传播迅速，可引起死亡。

对病兔应及时隔离治疗，并彻底清洗消毒圈舍及污染的用具，保持圈舍通风、透光和干燥。

（二）体内的寄生虫和有害生物

兔的体内寄生虫中最重要的是兔球虫。

艾美尔球虫可以引起兔球虫病，它寄生于兔小肠、胆管的上皮细胞内，是对兔危害严重的一种寄生虫病。

根据兔球虫寄生部位的不同，兔球虫病分为肝型、肠型和混合型三种。

病兔表现为瘦弱、食欲不振、贫血、腹泻、腹胀、皮毛蓬乱无光、磨牙、流涎等症状，死亡率很高。

（三）传染性疾病

兔易感的传染病最常见的是兔瘟、兔巴氏杆菌病、兔大肠杆菌病等。

1. 兔瘟

兔瘟，又称兔病毒性出血病，是一种急性传染病，对成年兔危害很大。兔瘟病毒可以引起该病。

多数病兔体温升高、精神萎靡、食欲减退、呼吸急促，有的因发生惊厥、抽搐而死。

2. 兔巴氏杆菌病

兔巴氏杆菌病是一种急性传染病，主要侵害幼兔，以春季多发。多杀性巴氏杆菌可以引起该病。

发病表现为体温升高、呼吸急促、打喷嚏等，病兔死亡率很高。

3. 兔大肠杆菌病

兔大肠杆菌病主要侵害幼兔，一年四季均有发生，但尤以春季最甚。

病兔体温正常、精神沉郁、消瘦、磨牙、流涎、不食、排出黄色水样稀便，死亡率很高。

鼠常患疾病

鼠易患的皮肤病主要是由真菌引起的钱癣病，或维生素 C 缺乏引起的脱毛。

鼠类肠炎的致病因素比较复杂，很多病鼠被多种病原体（病菌或体内寄生虫）混合感染，表现为精神抑郁、食欲不振、腹泻甚至死亡。

此外，鼠能感染多种病毒或病菌，但其本身并不发病，成为隐性感染的病原体携带者。例如，阿雷纳病毒引起的淋巴球性髓膜炎；鼠疫杆菌引起的鼠疫；结核杆菌引起的结核病；汉坦病毒引起的流行性出血热；钩端螺旋体引起的全身毛细血管中毒性损伤病；恙虫病立克次体引起的丛林斑疹伤寒等人兽共患病。

带菌的鼠能成为上述传染病的传染源和储存宿主，通过呼吸道或消化道将疾病传染给与之接触的人或其他动物。

人一旦感染上这些疾病，若没有及时得到妥当救治，往往会危及生命。所以，不提倡把鼠作为宠物饲养。

鼠1

鼠 2

鼠 3

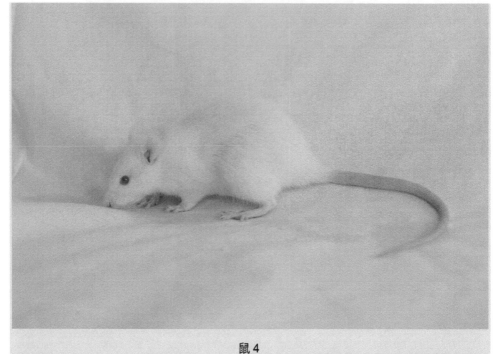

鼠 4

鼠 5

（以上5幅图片由北京华阜康生物科技股份有限公司提供）

观赏鸟常患疾病

（一）体内、外的寄生虫和有害生物

1. 体外的寄生虫和有害生物

宠物鸟的外寄生虫以壁虱和叶虱为主。

（1）壁虱

壁虱是一种吸血的寄生虫，一般在夜晚爬上鸟身吸血。在感染早期，鸟会发痒，尤其在脚部，晚上经常可以听到鸟摩擦栖木和笼子的声音。当壁虱不断繁殖，病鸟会逐渐出现消瘦、精神萎靡、羽毛蓬松、皮肤苍白等症状，严重时还会死亡。

防治方法：平时可以用含除虫菊酯成分的驱虫剂对鸟笼做定期的驱虫。

（2）叶虱

叶虱是寄生于羽毛的寄生虫，会将鸟的羽毛咬成锯齿状，有的还会吸血。

一旦发现鸟有感染症状时，应立即将病鸟单独隔离，以避免传染。

2. 体内的寄生虫和有害生物

鸟的体内寄生虫包括消化道线虫、球虫、蛔虫、毛滴虫等。下面介绍线虫病和球虫病。

（1）线虫病

线虫病是一种常见的消化道寄生虫病，主要危害画眉、鹩哥、鸽子等观赏鸟类。病鸟羽毛松乱、精神不振、食欲减退、活动量减少。随着病情的加重，会出现羽毛渐失光泽、活动量减少、呕吐、腹部皮肤苍白等症状。

（2）球虫病

各种鸟都会发生球虫病，该病的发病率、死亡率较高。

病鸟表现为消瘦、口渴和腹泻等症状。病愈的鸟仍会生长发育受阻。

雏鸟对该病的易感性高于成鸟。成鸟带虫体质瘦弱，病鸟粪便呈绿色、黑褐色或红色。

各种球虫对宿主侵袭后不产生交互免疫力，即一种鸟在感染一种球虫后，还会受到其他种球虫的感染。

观赏鸟被寄生虫感染主要是通过与带有虫卵的动物直接接触，或与被虫卵污染的空气、飞沫、土壤、饮水、饲料或养鸟用器具的接触，经呼吸道、消化道或皮肤黏膜创伤等途径侵入体内。

因此，科学的饲养管理是杜绝笼养鸟寄生虫病发生的重要手段。

（二）传染性疾病

1. 由病毒引起的传染病

由病毒引起的传染病主要包括禽流感等。

禽流感是由禽流感病毒引起的急性传染病，可以通过消化道、呼吸道、皮肤损伤和眼结膜等多种途径传播。

流感病毒的致病性有强有弱，高致病性禽流感的传染性极强，可以造成严重流行。

高致病性禽流感的特点为：突然发病，病情严重，迅速死亡，病死率接近100%。

流感病毒有大量宿主，迁徙性水禽是禽流感病毒的天然宿主。家禽直接或间接接触迁徙野水禽，被认为是导致禽流感流行的常见原因。活禽销售市场在流行病传播中也起着重要作用。有时致病性低的病毒可发生突变，变成致病性高的病毒。

禽流感也能感染人类，感染后主要表现为高热、咳嗽、流涕、肌肉疼痛等症状，多数伴有严重的肺炎，严重者心、肾等多种脏器衰竭导致死亡，病死率很高。

高致病性病毒可在环境中存活很长时间，严格的卫生措施可在一定程度上保护养殖场免受病毒的感染。

2. 由衣原体、真菌、支原体、细菌等致病微生物引起的鸟类传染病

由衣原体、真菌、支原体、细菌等致病微生物引起的鸟类传染病有鸟衣原体病、念珠菌病、支原体病、禽霍乱、结核病、沙门氏菌病等。

（1）鸟衣原体病

鸟衣原体病又称鸟疫或鹦鹉热。鹦鹉热衣原体对各种鸟均有致病性，鹦鹉、鸽子最易受其感染。

衣原体毒力强弱不同，病鸟的表现也不一样。病鸟发病前期表现为精神委顿、不食、眼和鼻有脓性分泌物、拉稀等症状。病鸟发病后期表现为严重脱水，成鸟多数可康复，但长期带菌，幼鸟多数死亡。

病鸟、带菌者、污染的尘埃和散在空气中的液滴，经呼吸道或眼结膜及螨等吸血动物可传染该病。人也可以被传染，因此要注意对自身的防护。

（2）念珠菌病

念珠菌病又称鹅口疮，是禽类常见的霉菌性疾病。

念珠菌病常造成鸽子上消化道的病变，造成口腔、食管、嗉囊或腺胃等病变，其病变处表面会发炎，形成伪膜，黏膜层会有增厚、圆形、略显白色突起的溃疡状病变。

念珠菌病发生的原因有很多，如鸽舍的饲养环境太差，鸽舍温度、湿度太高，营养失调等都会造成鸟体内白色念珠菌大量繁殖而发病。

（3）支原体病

支原体病一年四季均可发生，冬、春季为多发期。

病鸟的眼、鼻流出浆液性渗出物，眼、鼻周围的羽毛常被渗出物污染而结球，造成眼睛封闭。炎症蔓延到下呼吸道后表现为咳嗽、呼吸困难、食欲减退、逐渐消瘦等症状。

该病属于慢性炎症，因此药物的治疗效果较差。

（4）禽霍乱

禽霍乱是一种急性传染病，禽霍乱病菌可以引起该病。

禽霍乱病菌是一种条件性致病菌，在自然界分布很广，主要通过呼吸道、消化道及皮肤创伤传染。病鸟的尸体、粪便、分泌物和被污染的笼具、饲料和饮水等是主要的传染源。

病鸟表现为精神不振、羽毛松乱、剧烈下痢、逐渐消瘦、精神委顿、贫血，甚至死亡。

（5）结核病

鸽子、鹦鹉、八哥等观赏鸟类都易感染结核病。

病鸟体重减轻、倦怠下痢、羽毛无光泽、呼吸急促、逐渐消瘦，最后死亡。

（6）沙门氏菌病

沙门氏菌病是幼鸟常见的急性败血症，表现为食欲消失、腹泻等，病鸟多数死亡。

龟常患疾病

1. 腐皮病

腐皮病是单孢杆菌引起的受伤部位皮肤组织坏死病。

该病表现为肉眼可见病龟的患部溃烂。

2. 水霉病

水霉病是慢性皮肤疾病，真菌侵染龟体表皮皮肤引起该病。

该病表现为食欲减退、体质衰弱、表皮形成肿胀、溃烂、坏死或脱落，甚至死亡。

3. 体内寄生虫病

常见的龟类寄生虫的种类有盾肺吸虫、线虫、锥体虫、棘头虫等。

病龟表现为体弱、生长迟缓、抵抗力差、体形消瘦、四肢乏力。

应每半年左右喂一次驱虫药加以预防。

小心动物得的病传染人

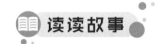

读读故事

"晓晓，你知道妈妈也特别喜欢小动物，也想养，不过动物也是生命，要对它负责。光有爱心就饲养是不够的，还要有知识，了解养宠物的相关法律法规和宠物的生活习性、行为特点、饲养条件、清洁卫生等。在没有做好充分心理准备之前不要养，况且咱们家地方小，不具备伴侣动物生存的条件，更何况你还想要个小妹妹，妈妈肚子里正怀着宝宝，种种因素都不适合现在饲养伴侣动物。妈妈最近看《亲密，有隙》这本书，里面说的注意事项有很多，正在学习呐。"妈妈对晓晓说道。

晓晓心情稍微平静了一点。

"那，电视里还说伴侣动物能治病呢。"晓晓找出饲养伴侣动物好处的依据。

"是的，这些忠诚、可爱的小动物给人们带来了很多乐趣及心灵慰藉。它们在生活中与人类拥有亲密的情感联系和互助，在人类社会中起到一定的作用，如治疗儿童的心理疾病和给空巢老年人带来安慰。动物应当是我们的朋友，而不是供取乐的工具。"妈妈和蔼地肯定晓晓的说法。

"大宝宝乖，小宝宝哄你睡觉！"

"假如伴侣动物什么毛病都没有，是不是就可以养了？"晓晓追问道。

"我也会玩电脑！"

"这个嘛……"妈妈含糊了，又被孩子问住了，她深感生娃难，教育娃更难。

"你想想，是不是可以养？"妈妈灵机一动，想起了相声中的桥段，给自己留出缓冲时间，反问道。

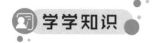 **想想问答**

伴侣动物什么毛病都没有，是不是就可以养了？

需要取得动物健康免疫证，如养犬需要办理养犬登记证。

学学知识

狂 犬 病

狂犬病（Rabies）一词源于梵语 Rabbahs，意为"狂暴"，又称"疯狗病""恐水病"。公元前 2300 年就有关于狂犬病的记录。1804 年德国科学家乔治·格特弗里德·青克（George Gottfried Zinke）开始研究狂犬病。1813 年，两位法国医生弗朗索瓦·马让迪（Francois Magendie）

与吉尔贝·布雷谢（Gilbert Breschet）证实人和动物都能感染狂犬病。1885 年是狂犬病研究的转折点，巴斯德首次发明了减毒疫苗。

20 世纪我国出现了三次发病高峰：第一次为 20 世纪 50 年代中期，发病人数为 1900 多人；第二次为 20 世纪 80 年代初期，其中 1981 年死亡数最高，达到 7037 人；第三次为 2003 年，发病人数超过 2000 人。近年来狂犬病疫情呈上升趋势。

病犬一般狂躁不安，主动攻击人和其他动物，意识紊乱，喉肌麻痹，不听主人呼唤，不认家，叫声嘶哑，下颌麻痹，流涎。最后会全身肌肉麻痹，抽搐，呼吸衰竭而死。这种病犬对人及其他牲畜危害很大，一旦发现应立即通知有关部门处理。

狂犬病是狂犬病毒所致的急性传染病。人被咬伤的部位感觉异常，有头痛、口渴、不安、高度兴奋等临床表现，特征性表现是极度恐惧、恐水、错乱等神经症状，最后感染者因呼吸麻痹而死亡，病死率 100%。

人兽共患病

人类有许多传染病来自动物，包括家畜和野生动物。由动物传播给人类的传染性疾病多数为人兽共患病。

人兽共患病主要由细菌、病毒和寄生虫三大类病原生物引起，一般先在动物中传播，再由某种因素侵入人体，即有一个由动物内传播逐步向人群内转移的过程。

病原体包括病毒、细菌、衣原体、立克次体、真菌、寄生虫、节肢动物等。携带这些病原体而不发病的宠物在与人类密切接触过程中，可能会使人类因此感染而严重危害健康。

据统计，约 60% 的人类病原体来自动物，约 80% 的动物病原体为多宿主型，约 75% 的新发传染病是人兽共患病，约 80% 的用于生物恐怖的病原体是人兽共患病病原体。

在目前发现的人兽共患病中，有些原本就是动物中流行的疾病，如禽流感、口蹄疫、疯牛病等，也有的是先在人群中发现，后又追踪到动物的疾病，如 SARS、艾滋病等。

人兽共患病大多数由动物传染给人，也可由人传染给动物。宠物处在开放的环境下，可以作为多种病原体的中间宿主，多种传染病，如狂犬病、血吸虫病、猫抓热、猪链球菌病、寄生虫疾病等，跟宠物都有一定的关联，宠物在人兽共患病中扮演了重要的传染源或储存宿主的角色。

世界上已发现的人兽共患病有 200 多种，与伴侣动物犬、猫有直接或间接关系的有 70 多种。

宠物易感传染病。伴侣动物在长期的驯化和培育过程中，一方面表现出温驯、欢乐和灵性的特征，另一方面也表现出抵抗疾病能力差、对病原微生物易感性强的特点，甚至有很多宠物可以携带病原微生物而不发病，成为病原微生物的储存库。

宠物与人接触的机会和密切程度以及环境因素是其传播疾病的条件。

宠物的饲养、日常护理、疾病监测和健康检查等各个环节对于预防动物源性疾病都非常关键，因此，饲养伴侣动物前先要做足功课。比如：遵守《北京市养犬管理规定》等法规；饲养伴侣动物要适合自己的家居环境；了解伴侣动物的生活习性、注意事项，对伴侣动物的健康负责；了解伴侣动物的防护方法，与伴侣动物接触有分寸，亲密有隙，科学防范伴侣动物源性人兽共患病等。

🛡 避避危险

携带犬，不乱转，人群间，避乱钻，要防拦，避疾患。

携带犬，宠物伴，野外欢，要防范。

活动圈，远粪便。

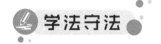

学法守法

任何单位和个人发现传染病、动植物疫病的,应当及时向医疗机构、有关专业机构或者部门报告。

知识环岛

伴侣动物犬可传播的传染病

明确可由犬传染给人的疾病有 65 种,常见的有狂犬病、钩端螺旋体病、淋巴细胞性脉络丛脑膜炎、寄生虫病、炭疽、布鲁菌病、出血性败血症、李斯特菌病、沙门氏菌病、兔热病、牛型结核病、鼠疫、斑疹伤寒、Q 热、人型结核病、白喉、猩红热、螨虫病、弓形虫病和霉菌感染等。其中,危害较严重的有狂犬病、布鲁菌病、钩端螺旋体病、弓形虫病等。

伴侣动物猫可传播的传染病

猫是猫抓热、弓形虫病最常见的传染源,也可以携带狂犬病毒、布鲁杆菌、钩端螺旋体、土拉弗朗西斯菌、沙门氏菌、多杀性巴氏杆菌、伪结核菌、牛型结核杆菌、白喉杆菌、溶组织内阿米巴线虫、棘球蚴、美洲锥虫、利什曼原虫、螨虫、旋毛虫、丝虫、线虫、绦虫、恙虫、霉菌等。

宠物猪可传播的传染病

小型猪可以传播给人的疾病包括西方脑炎、日本乙型脑炎、口蹄疫、流行性感冒、狂犬病、水泡性口膜炎、炭疽、布鲁菌病、李斯特菌病、类鼻疽病、伪结核病、沙门氏菌病、猪丹毒、巴氏杆菌病、兔热病、钩端螺旋体病、旋毛虫病、猪带绦虫病、细粒棘球绦虫病、姜片虫病、吸虫病、线虫病、并殖吸虫病、放线菌病、毛癣菌病和组织胞浆菌病等。

宠物鸟可传播的传染病

鸟类可以传播给人的疾病包括禽流感、鹦鹉热、Q 热、虫媒病毒性脑炎、炭疽等，鸟类还可以携带并传播布鲁杆菌、肉毒杆菌、气肿疽杆菌、白喉杆菌、巴氏杆菌、伪结核杆菌、李氏杆菌、猪丹毒杆菌、禽型结核杆菌及沙门氏菌属的一些细菌。

霉菌中的曲霉菌、隐球菌、组织胞浆菌、毛癣菌等，都可能由鸟类传播给人。

寄生虫中的鸭绦虫可以侵袭人。

禽包虫也能侵入人体，禽螨能引起人的皮炎。

水生动物可传播的传染病

水生动物，如鱼可以携带细菌，会导致人类疾病。在清理鱼池时，结核杆菌可以通过伤口感染人类。

鱼等冷血动物为亲水气单胞菌的主要自然宿主，人们在给鱼喂食或换水时，如果皮肤上有破损，很容易感染亲水气单胞菌肠炎。

爬行动物可传播的传染病

如今，爬行动物，包括乌龟、蜥蜴、蛇等不断走进普通百姓家庭，成为宠物。

据美国疾病控制与预防中心估计，美国有 3% 的家庭饲养爬行动物作为宠物，造成每年有 7 万人因接触爬行动物而感染沙门氏菌病。

另外，蛇也容易携带寄生虫。

📖 **读读故事**

当天晚上，趁晓晓睡觉了，妈妈恶补有关知识。

第二天，吃过晚饭，妈妈与晓晓做着亲子互动。

"我陪你散步。"

"在我们与动物朋友们相依相伴、却没有处理好与动物的关系时，它们会不断地给人类带来危害，甚至威胁人类的生命健康。动物在人类社会与自然界之间交互往来，也就成了许多病原体的载体。然而，这些'小乘客'有时会给我们带来大麻烦，给我们的身心健康带来巨大伤害，也会在局部地区严重影响社会的经济发展和稳定，给全世界人民造成恐慌。它们也会送给我们致命的'礼物'——生态环境的破坏和传染病。"妈妈说道。

"动物和人一样也会生病，也会得许多病，还会传染给人一些疾病。在生活中要与宠物保持一定距离，别太亲近它，防止疾病惹上身。"妈妈的目的是让晓晓记住这个结论。

晓晓默默地听着，似乎有所理解并接受妈妈说的内容。

跟宠物亲密有隙

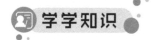

想想问答

爱动物为什么又不能太亲近它？

动物是许多病原体的载体，会传染给人一些疾病。

学学知识

禽 流 感

鸟禽类流行性感冒，简称禽流感，起源于禽类，是由禽流感病毒引起的动物传染病。禽流感病毒可以感染多种动物，包括鸟类、猪、马、雪貂、鲸和人类。

1878 年，家禽疫在意大利首次被报道，至 1902 年病原体才被分离出来，这是第一株被证实的流感病毒。1960 年 1000 多只燕鸥在南非死亡，这是第一次发现禽流感引发的高死亡率案例，经确认这种病原体是 H5N3 亚型禽流感病毒。

我国自 1996 年广东出现第一例 H5N1 禽流感病毒感染病例后，至 2016 年已确诊病例超过 600 例，病死率超过 60%。2013 年 2 月出现人感染 H7N9 禽流感病毒病例后，至 2016 年确诊病例突破 350 人，病死率超过 35%。

H9 亚型低致病性禽流感病毒感染人的临床症状表现为轻微的上呼吸道症状或结膜炎，而人感染 H5 亚型和 H7 亚型高致病性禽流感病毒可以引起全身多器官的感染，继而导致病理损伤及功能衰竭，甚至死亡。

避避危险

野物前，有隔断，或豢养，不食滥。

人兽患，要离远。

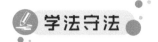
学法守法

依法应当报告的，任何单位和个人不得瞒报、谎报、缓报、漏报，不得授意他人瞒报、谎报、缓报，不得阻碍他人报告。

读读故事

"宠物让人生病，这样害人，干脆都不养就不会把疾病传染给人了。"晓晓的思维非黑即白，他突然冒出这么一句话。

有心事了！

"忠诚的犬、乖巧的猫、活泼的鹦鹉、聪明的八哥，或者是可爱的小巴西龟，无论自家养的是哪种小动物，它们都天天陪伴在人们身旁，听人们倾诉，陪人们玩耍，不知不觉间，人们已经把它们当成家庭中不可缺少的一员。"妈妈答道。

"那也不能因噎废食呀。现实生活中伴侣动物将疾病传染给人的机会虽然不少，但人们与伴侣动物相处时如果能在事前加以注意，学习科学的接触方式，就既能使自己的伴侣动物活泼健康，又能有效减少自己感染疾病的危险，大大减少发生宠物源性人兽共患病的概率。"妈妈补充说道。

"抱抱我吧!"

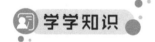

想想问答

宠物让人生病,为什么还有那么多人养?

伴侣动物已成为一些家庭中不可缺少的一员。学习科学的接触方式,能有效减少自己感染疾病的危险。

学学知识

李 斯 特 菌

1926 年,英国南非裔科学家 E. G. D. 穆里(E. G. D. Murray)在病死的兔子体内首次分离获得一种新的细菌,此细菌于 1940 年被第三届国际微生物学大会命名为李斯特菌。

此后,科学家相继在野生啮齿类动物、人、绵羊、牛、猪等动物中分离到该菌。目前发现该菌分布于世界各地,尤以北纬 34° 以北的北半球各国较多,各国关于人兽感染的报道不断出现,严重威胁着人类生命财产安全。

成人感染李斯特菌会出现轻微类似流感样症状,感染者表现为呼吸急促、呕吐、出血性皮疹、化脓性结膜炎、发热、抽搐、昏迷、自然流产、脑膜炎、败血症，甚至死亡。李斯特菌对胎儿的危害尤其严重，可导致流产和胎死宫中。

畜、禽等动物感染李斯特菌也会出现脑膜炎、败血症和孕畜流产等症状。

科学防范宠物源性人兽共患病

1）与伴侣动物接触有分寸，亲密有隙。

为伴侣动物安排固定的休息和活动场所，与伴侣动物食物、住处分离。同时，严格控制人的食品和饮水的清洁卫生。

2）伴侣动物住处要经常打扫，定期清理伴侣动物的排泄物，注意饲养环境卫生，做好动物粪尿、污物的无害化处理。

投喂伴侣动物干净的食物，确保饲料和饮水的清洁卫生，并保持用具的洁净，定期对伴侣动物的生活环境进行消毒。

3）接触伴侣动物及其餐具、用具时最好佩戴手套、口罩等基本防护用品，即使佩戴手套，接触、抚摸、抱伴侣动物后也要及时用肥皂洗手和接触部位。

4）伴侣动物户外活动回家后一定要洗澡。定期给伴侣动物洗澡、驱虫、预防接种疫苗、梳理毛发，保持伴侣动物清洁健康。

5）为易感人群和易感动物接种疫苗。

6）关心了解伴侣动物的心理和喜好，与伴侣动物玩耍时要注意安全，避免被伴侣动物抓伤。

7）了解伴侣动物的沟通方式，避免触发犬或猫做出攻击性的动作。

8）发现伴侣动物的异常情况要及时检查治疗。

9）免疫能力降低时，避免与伴侣动物过度亲近。

10）一些宠物之所以对人造成威胁、致人染病，是因为它们对疾病有传播作用。

为了防止动物将病传染给人，最重要的预防措施之一是保护野生动物。

购买健康的检疫合格的安全动物作为伴侣动物。

饲养鼠类要确保宠物来源安全清洁，不提倡把鼠作为宠物。

11）饲养宠物的家庭一定要配备常用的卫生药物，如碘酒、新洁尔灭溶液、硫磺皂等。

当宠物咬伤人时应立即处理消毒，然后到卫生防疫部门接受治疗或预防处理。

12）如果家有宠物的人患病，应该先从宠物身上找原因，排除可能的人兽共患病后，才能确诊病因。

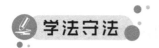

避避危险

宠物伴，要有间。

宠物伴，远床边。

宠物伴，不要舔。

宠物伴，不争干。

猫犬头，示爱怜，不拍冠。

宠物伴，毛多现，患哮喘，离远点。

宠物伴，孕妇边，及老年，免疫欠，离远点。

学法守法

防控重大新发突发传染病、动植物疫情。

环境保护与生物安全有什么关系

我们所处的环境要保护好

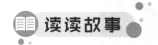 **读读故事**

晓晓的爸爸晚上回到家，妈妈接过他的包："回来了，饭准备好了，洗洗手马上吃饭吧。"

爸爸没有回应。

妈妈猜想自己又没有招惹他，一定与自己无关，大概是工作上不顺利。此时正是晚上七点左右，人的情绪极不稳定，任何小事都可能引起口角。妈妈突发奇想，自语道："自助游是不良情绪的释放剂，是疾病治疗的增效剂，是疾病康复的促进剂，不拘泥于活动形式。"

妈妈边自言自语边偷着观察晓晓爸爸的反应。

"你这是怎么了？有什么高兴的事吗？"爸爸张口了。

"这个假期咱们全家出去旅游吧。"妈妈建议道，"观赏自然风光、游览名胜古迹可以使人心旷神怡，还能从中得到一些启示。可以丰富生活内容，增长知识，从中悟出一些生活哲理，更能体会到它们的深刻含义，从而更好地生活和学习，提高生活质量，这对每个人都大有裨益。旅游，触景生情，会产生对大自然的热爱，领略祖国的江山如此多娇，爱国之心也会油然而生。"

"我已经选好了旅游的地方。你看，这是那儿的风景。"妈妈边划动手机屏幕边向爸爸介绍。

蓝天白云、青山绿水

瀑布泻淌、湖光山色

同寿山水 1

同寿山水 2

山外有山

生命力量、汲取养分

盘曲绵延、环境适宜、气候宜人

景观拾遗、古镇遗风、人与自然

山是一座院，院是一座山

爸爸看完没有说话。

"你即使不想去，为了晓晓的健康成长，也要考虑考虑嘛。"妈妈用胳膊肘碰了碰爸爸。

"去。"一说为了儿子，爸爸就痛快地答应了。

假期，一家三口先来到峨眉山旅游。

晓晓第一次近距离见到那么多猴子，非常兴奋。"猴子真好玩！来，给你根香蕉吃。"晓晓把随身带给自己吃的香蕉递给猴子，顺势抚摸了一下它。

猴子嗖地抓过香蕉，迅速跑走了。

"晓晓，不要喂食、触摸它，牌子上有提示。"妈妈听见晓晓的说话声赶忙扭过头来制止他的行为。

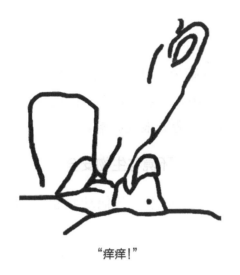

"痒痒！"

想想问答

环境保护跟生物安全有什么关系？

与公共环境密不可分的每个人每天呼吸的空气、喝的水、吃的食物等如果污染，不论它们的危害大或小，都对人们的健康危害巨大。

为什么不能喂食、触摸动物？

一旦和它们近距离接触，人兽共患病病原体很有可能直接感染到我们身上，特别是儿童的免疫力不强，更容易通过喂食、触摸等行为感染。

学学知识

猴 B 病 毒

分布在东南亚及我国境内的猴，主要是猕猴，又称恒河猴。它们体内携带很多病原体，包括猴 B 病毒、结核分枝杆菌、麻疹病毒、寄生虫等。

　　猴 B 病毒尤为恶劣，一旦感染到人，很可能致人死亡。2003 年，在美国已有 28 名人员通过饲养、使用从东南亚进口到美国的恒河猴而感染上猴 B 病毒，造成脑炎，部分患者不治而亡，教训十分惨烈。

　　如果感染上结核杆菌、志贺氏杆菌、沙门氏菌、麻疹病毒、各种寄生虫，也会对我们的健康造成很大影响。

环境与生物安全

　　不仅猴子带有大量病原体，其他动物也会携带很多人兽共患病原体。

　　随意接触各种动物，特别是野生动物，我们认为的和动物的友好行为，都可能会带来灾难性后果。

　　环境包括社会环境、自然环境和人文环境，或者分为人们生活所处的小环境和社会大环境，这些环境与生物安全密切相关。

 避避危险

　　猴或猿，动物伴，亲有间，喂食餐，要离远。

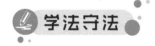 **学法守法**

　　国家保护野生动物，加强动物防疫，防止动物源性传染病传播。

人类只是大自然的一个成员

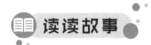 **读读故事**

　　"人离不开动物。动物是人类经济生活和社会生活的重要组成部分。动物一直和许多其他生物与人类共同享有地球提供的生态环境，动物无

论是作为人类的食物、劳动工具、宠物、实验动物，还是生态环境的维护者，都和人类有着千丝万缕的联系。"身为环保志愿者的妈妈说。

"人凌驾于自然之上的理念使得人们无所顾忌、盲目乐观。在地球这个大家庭里，人和其他物种都是其中的成员。因此，人要顺应自然，与其他物种和谐共处：往小了说，涉及自身的健康；往大了说，涉及环保、人与自然和谐，甚至关乎人类的命运。因此，要有忧患意识，地球即将发生的第六大生物灭绝事件，不过是地球抖落寄生在身上的'虱子'，于经历过 46 亿年沧海桑田变迁的地球本身并没有什么大的妨碍，只不过再发生一次沧海桑田变迁罢了。可怕的后果是，众多物种的消亡就像多米诺骨牌一样一个个纷纷倒下，下一个倒下的可能就是人类自身。"妈妈对环保知识的掌握还是挺到位的。

"站得高，看得远"

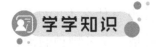

想想问答

人为什么要与其他物种和谐共处?

大自然可以没有人类,但人类离不开大自然,人要与大自然和谐相处。

学学知识

埃博拉病毒

"埃博拉"是刚果(金)(旧称扎伊尔)北部一条河流的名字。1976年,一种不知名的病毒光顾这里,疯狂地虐杀埃博拉河沿岸 55 个村庄的百姓,致使数百人死亡,有的家庭甚至无一幸免,"埃博拉病毒"也因此而得名。

2014 年,肆虐西非多国的埃博拉疫情蔓延速度惊人,截至 2015 年 3 月,世界卫生组织(World Health Organization,WHO)共报告确诊与疑似病例 24350 人,死亡的人数突破 10000。

感染埃博拉的患者最初表现为发热、肌痛、腹泻、皮疹等,随后出现皮肤黏膜出血,多在 2 周内死于出血或其他器官的并发症。

与动物亲密有间

自然界中动物种类繁多,到目前为止已知的有 150 万种以上。

与动物和平共处。互相尊重,各取所需,在关爱动物的同时懂得如何科学地保护自己。

人类与动物是生活在地球上的成员,共同分享着世界,与动物和平共处,亲密有间。

避避危险

动物伴，大小便，避屑沾，避污沾，避尸沾。

避蜱舔，避蚊啖，避蚤缠，避病原，避病患。

学法守法

国家保护野生动物，加强动物防疫，防止动物源性传染病传播。

有过什么可怕的生物安全事件

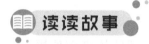

"妈妈，我回来了。"晓晓边说边走进家门。

"在门厅换上拖鞋，再去洗漱间洗手去。"妈妈在厨房听见动静答道。

"知——道——了——。"晓晓拉长声音。几乎每次回家听到妈妈的第一句话都是这个。

"轻点抱！"

"你还别不耐烦，以前妈妈给你讲的故事忘了？"妈妈担心晓晓只是口头答应却不按她说的做，高举着沾满面粉的双手，赶紧从厨房出来，监督着他照着去做，重复着以前给晓晓讲的故事。

"平时多防备，险时少流泪。不怕一万，就怕万一，没人输得起。"妈妈严肃地说。

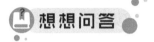

为什么总强调个人防护？

不怕一万，就怕万一，没人输得起。

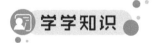

疫情暴发原因

吓人的烈性传染病从古至今一波波袭来，使人类一次次疲于应战。强大的古罗马帝国因鼠疫大流行导致一半以上人口死亡；横行非洲的埃博拉病毒曾在一个个村寨中大肆传播，村民无一幸存；新型冠状病毒肺炎疫情暴发后的半年，世界卫生组织数据显示全世界就有1400万左右的人被感染确诊。

疫情暴发究其深层次原因，实则涉及生态环保、生态文明、人与大自然的关系、人类的生活方式等。

与动物相处之道

如何与动物相处、做到两者相安无事呢？简单地说就是亲密，有隙。

自觉遵守动物保护的相关规定。

发现不明原因的死亡动物要及时报告所在地的疫病预防控制相关部门，防范动物源性疾病。

若不是医务人员，可以做好个人防护，不做病原的传播者，不给个人、社会和国家添乱。

感染性疾病传播途径包括直接接触传播、空气传播、体液传播及媒介传播等。通过经呼吸道感染、经消化道感染、经皮肤黏膜感染、经性行为感染、经血液感染、经体液感染、经母婴垂直感染等。

病毒通过气溶胶传播影响因素众多，能不能传播主要取决于它在空气中的存活状态、感染能力、病毒浓度等。

避避危险

尸体前，大小便，不知源，要离远。

野动物，不食滥。

学法守法

相关科研院校、医疗机构以及其他企业事业单位应当将生物安全法律法规和生物安全知识纳入教育培训内容，加强学生、从业人员生物安全意识和伦理意识的培养。

读读故事

晓晓听了，心里突然觉得有点害怕，小声说道："妈妈，我怕。"

"我好害怕!"

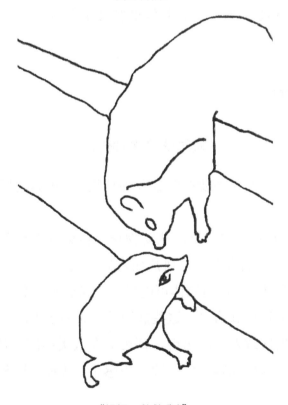

"妈妈，救救我!"

"晓晓，别怕。只要平时随处小心，多多注意，别光把这些知识放在口头上，是完全可以远离这些危险的。"妈妈连忙补充道。

"从根上来讲，人兽共患病属于感染性疾病。因此，了解相关感染性疾病的基本知识有助于了解、预防、控制人兽共患病。"

"要想不得传染病，做好三方面就能实现：把罪魁祸首揪出来，也就是找出传染源是什么；把伸出的魔爪斩断，也就是阻断它的传播途径；把容易得病的人群保护起来，也就是重点保护易感者。"妈妈把自己学到的知识输出给晓晓。

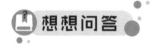

传染病能让那么多人死，太可怕了吧？

了解相关感染性疾病的基本知识有助于了解、预防、控制人兽共患病。

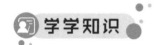

病原体跨物种传递

人类活动不可避免地要接触到各种动物，这也为病原体跨物种传递提供了机会。

据统计，1995—2020 年，从动物身上传染到人身上的疾病一共有 39 种，包括埃博拉病毒病、出血热病毒病、鼠疫、SARS、高致病性禽流感等。一共有 1407 种病原体可能导致人类致病，包括病毒、细菌、寄生虫、原生生物和真菌等。这些病原体中，有 58% 来自动物。有 177 种病原体一旦出现或者再次出现，都可能在人类中广泛传播。

病原体之所以如此容易地导致人类感染、传播，与人类现在的生活方式和"无知"有关。

现在人类居住得更加密集，交往也更加频繁。自然环境的破坏、频繁的动物贸易、气候变暖都为病原体传播起到推波助澜的作用。

全球性公共安全问题

一旦病原体在人群间传播，便捷、频繁的旅行等活动就会更容易将病原体通过感染者快速地传播到世界各地，成为全球性公共安全问题。

这些传染病不仅给我们带来了健康等问题，而且会造成巨大的经济损失。

随着人类活动的扩大，可以预见，由动物传染到人的疾病可能会越来越多，将严重影响人类的健康……

 避避危险

避病原，阻断传。

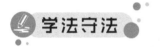 学法守法

国家建立重大新发突发传染病、动植物疫情联防联控机制。

如何做事与生物安全有什么关系

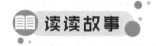

"祝爷爷生日快乐！希望爷爷常过生日，这样就可以常到外面饭店吃好吃的了。"晓晓向爷爷祝福道。

紧紧相拥，"我爱你！"

"哎，晓晓，过一个生日就老一岁，年纪大了就不愿意过生日啦！"奶奶说道。

"晓晓，不能为了吃好吃的这样说。给你爷爷过生日本来是非常高兴的事，这样说会让爷爷奶奶不高兴。"妈妈赶忙阻止着晓晓说。

"都吃好了吧？准备回去吧。服务员，麻烦你拿几个餐盒，把没有吃完的打包。"晓晓的大伯说道。

妈妈把没有吃完的饭菜收拾到餐盒里。

爷爷看见了说道："吃剩的，要它干什么？别要，多丢人呀！"

"爸，不丢人，咱们都已经付账了。"妈妈知道爷爷所指，没有正面回答，故意岔开话题微笑地对爷爷说。

吃完晚饭，回到家中，晓晓翻看着一本科学漫画书。

"克隆羊、克隆猴都有了，有克隆人吗？"晓晓突然冒出了个问题问妈妈。

"羊、猴都能被克隆出来，说明技术能实现克隆大型哺乳动物，我猜想克隆人也就一步之遥，但人不能被克隆，太可怕了。"妈妈微微摇了摇头。

"为什么呢？"晓晓好奇地问。

"你想啊，满大街都是晓晓，到底哪个是你呀？"妈妈用手指着孩子的脑门说。

妈妈还从来没有思考过这个问题，她怕被问住答不上来，失去家长在孩子面前的威信，反问道："再说了，万一没有克隆好，出来个缺胳膊短腿、歪鼻子斜眼的晓晓，那可怎么办？"

"我不要被克隆，否则晓晓太多了，妈妈都顾不上爱我了。"晓晓用手指着自己的胸口，以自己的理解方式回应着。

"还有，可能会出现辈分不清以及关系错乱的现象，不符合生命伦理，乱了套了。"妈妈也讲不清为什么不能克隆人，但凭直觉此事不能有。

"什么是生命伦理呀？"好学的晓晓追问着。

"生命伦理就是做什么事该不该，如何做。"妈妈也不知道生命伦理的准确定义，即使知道讲给他听，他也不一定能理解，不如用自己的理解通俗地回答他。

"抱抱!"

想想问答

如何做事跟生物安全有什么关系?

生物安全涉及生命伦理。

为什么不能克隆人?

克隆人违背生命伦理学基本原则的不伤害原则、平等观和自主理念。

什么是生命伦理？

生命伦理学是现代医学与人文学科的有机融合、科学与人文的有机融合。生命伦理就是做什么事该不该，其中需要综合考虑事实判断和价值判断，在科学与人文之间寻求平衡点。

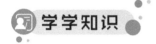

克 隆 技 术

1997 年 2 月 23 日，英国爱丁堡罗斯林研究所的科学家宣布，他们成功地用成年绵羊的体细胞无性繁殖（克隆）出了世界第一只绵羊"多莉"。2001 年 8 月 5 日，英国《星期日泰晤士报》曾经披露了安提诺里的试验计划，指出人类第一个克隆人最快在 2002 年下半年就会问世。2001 年 8 月 13 日，来自美国和意大利的三位"疯子科学家"在美国国家科学院的研讨会上暗示，他们将开始实施克隆人的计划，克隆人可能第二年就会问世。不过至今尚未有明确的克隆人出现。2001 年 11 月 25 日，位于美国马萨诸塞州的伍斯特的先进细胞技术公司宣布，该公司首次利用克隆技术培育出人类早期胚胎；随后，另一家名为集体克隆的美国公司也宣布他们已经克隆出人类胚胎细胞，并声称其最终目的是克隆人。

首次克隆出人类早期胚胎在美国和全世界掀起轩然大波，人们认为关于人类生命秘密的潘多拉盒子终于被人类自己打开了，这是迈出克隆人的第一步。克隆技术，"在某种程度上说，这是医学界的突破。但它会带来人类道德上的崩溃。人类的繁殖现在已经操纵在几个男人的手中"。[①]

---

① 秦川，2007，现代生活与生物安全[M]．北京：科学普及出版社．

生命伦理学

生命伦理学是科学与人文相互交叉、相互渗透的领域：一方面，它保护和促进科学的健康发展，而不能成为科学发展的障碍；另一方面，它要维护人的权利和尊严，使科学更好地为人类造福，而不是危害人类，其任务就是在科学与人文之间寻求平衡点。

 避避危险

红线限，有底线，伦理按。

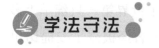 学法守法

从事生物技术研究、开发与应用活动，应当符合伦理原则。

健康和安全永远都是第一位的

自己管好自己，远离危险

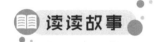 读读故事

"晓晓，你就不让嘴闲会儿，嚼什么呢？"妈妈听到了晓晓吃东西的声音。

"特别好吃，妈妈您尝尝。"晓晓说。

妈妈一本正经地说："不要吃别人给的东西，除非家人的。"

"不是别人给的，我自己买的。"晓晓回应着。

妈妈拿起食品包装袋看了看，皱了皱眉："不要买这个东西吃。妈妈不是舍不得让你买，给你的零花钱就是让你用的，两顿饭之间饿了自己买点小吃。再说了，妈妈目前就一个孩子，还能给谁花呀？"妈妈觉得说服晓晓只靠讲道理效果不尽如人意，要利用晓晓小小的自私心理。

"晓晓，不要到无证照的小摊上买'三无产品'，卫生条件和产品质量都无法保证，吃了容易生病。"

"不要做馋猫，小心病从口中来。口欲虽满足了，身体却搞垮了。人懒没有好生活，嘴贪没有好体格。"妈妈说着说着成了段子。

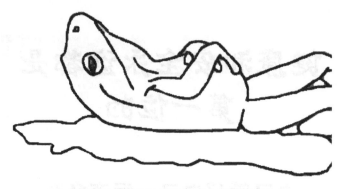

"真没出息，好吃的吃多了，撑着了！"

"宁吃鲜桃一口，不吃烂杏一筐。要防止细菌性、化学性、动植物性、真菌性食物中毒，还要防止重金属污染、饮食中抗生素和激素残留等。"妈妈觉得晓晓嘴很刁，倒不担心他会把腐烂变质的食物吃进肚，只是借此给他讲讲引起食物中毒的常见原因。

"比如：食物在制作、储运、出售过程中，处理不当会被细菌污染，人们吃了含有大量活的细菌或细菌毒素的食物，会引起食物中毒；有毒的金属、非金属及其化合物、农药和亚硝酸盐等化学物质污染食物，会引起食物中毒；有些动物和植物，食用方法不当，食物储存不当，易形成有毒物质，食用后易引起食物中毒；有些植物含有某种天然有毒成分，往往其形态与无毒的蘑菇品种类似，易混淆而误食，引起食物中毒；部分蔬菜农药残留较高，加之食用时没有很好地清洁，极易发生食物中毒。"妈妈从她能想到的方面罗列出几个原因。

"传统不代表科学、健康。比如，熏烤的肉制品、腌制或腊制食品、霉变食品、过度油炸食品和煎鱼或煎肉、老汤熬制等。"妈妈觉得无证小商贩兜售给孩子最多的小吃就是这方面的食品，她提醒着晓晓。

"熏烤的肉制品，含有大量多环芳烃类化合物苯并[a]芘，该化合物是世界上公认的代表性强致癌物质；腌制或腊制食品，含有大量亚硝酸盐，与仲胺类物质在适宜条件下起化学反应而生成有机化合物亚硝胺，亚硝胺也是世界上公认的代表性强致癌物质；霉变食品，含有大量黄曲霉素，黄曲霉素是强致肝癌等多种肿瘤的物质，还是世界上公认的代表性强致癌物质；过度油炸食品、煎鱼或煎肉等，其蛋白质在高温下，尤其是在烤焦时，会分解产生含苯环的强致癌物质；至于老汤熬制食品，用任何方式过度地加热食物，都会改变食物中碳水化合物和脂肪的性质，使它们转变成致癌物质，老汤熬制一煮好几个小时，许多维生素遭到破坏不说，反复沸腾，更使汤中有害物质的浓度越来越高。"妈妈把她掌握的食品科学方面的知识背诵得滚瓜烂熟，终于有了分享的对象。

"不干不净，吃了生病。别把活的'肉'吃进肚，喝开水，吃熟菜，不拉肚子不受害。"

"只图鲜、嫩，或者吃半生不熟的动物性食品、未经高温消毒的食物，不是容易得寄生虫病或传染病，就是容易食物中毒。"妈妈怕晓晓没有按要求做，直接用判断的语言。

"我也不知道人家是怎么做的呀。"晓晓倔强地说。

"让我瞧瞧！"

"畜禽养殖的一些环节我们是无法控制的，如是否添加、滥用抗生素等。这就要求在购买畜禽肉时，一定要加强自我保护意识，优先考虑到正规、大型的市场购买品牌、无投诉、专业肉食品公司的畜禽肉。"

妈妈按自己做的去说。

"有些怪异或过于浓烈的味道，是一些食品添加剂、化学农药残留所致。满足口欲的前提是满足身体健康的需要，以牺牲身体健康来满足口欲，显然是不明智的。"小食品包装开封后散发出过于浓烈的味道，让晓晓的妈妈不由得耸了耸鼻。

想想问答

为什么健康和安全永远都是第一位的？

没有健康和安全，其他什么也做不了。

如何自己管好自己，远离危险？

一定要加强自我保护意识。

学学知识

囊 尾 蚴 病

囊尾蚴病，又称囊虫病、猪囊尾蚴病，是在我国流行的危害严重的食源性寄生虫病。

我国卫生部于 2001 年 6 月至 2004 年底在 31 个省、自治区、直辖市组织开展了人体重要寄生虫病现状调查，囊尾蚴病调查了 96008 人，阳性率为 0.58%，受重点食源性寄生虫病威胁的人群主要为妇女和儿童，患者大多分布在西部地区、少数民族地区和经济欠发达地区。

根据囊尾蚴在体内寄生部位、寄生时间、感染程度、虫体存活状况等情况的不同以及宿主反应性的差异，囊尾蚴病的临床症状差异较大，从无症状到猝死均有报道。

根据囊尾蚴寄生部位的不同，囊尾蚴病可分为脑囊尾蚴病、皮下及肌肉囊尾蚴病、眼囊尾蚴病、其他部位囊尾蚴病。

当在皮下触摸到黄豆粒大小的圆形或椭圆形的可疑结节时应考虑囊尾蚴病。

若有原因不明的癫痫发作，又有在此病流行区生食或食未熟猪肉史，尤其有肠绦虫史或皮下结节者，也应考虑患有脑囊尾蚴病的可能。

皮下结节的病理活检、电子计算机断层扫描（CT）及磁共振成像等影像学检查可作为确诊的重要依据。

小心人兽共患疾病

畜禽肉虽是我们的美食，能吃入体内，但人应与生畜禽肉亲密有隙。畜禽本身有它自己广泛的病原群，其中一部分疾病是人兽共患的，可以通过与人的亲密接触而直接感染人。由于生态系统的破坏，畜禽身上携带的人易感的病原体，一旦通过被污染的空气、土壤或水直接传染给人，或经过啮齿动物、蚊、蝇等人类伴生种的媒介间接传染给人，都可能对被感人群造成致命伤害，许多人兽共患疾病会直接或间接地影响人类的生命和安全。人兽共患传染病和寄生虫病可以通过接触传染，也可以通过吃肉、呼吸道、媒介昆虫等其他方式传染。

> **＋ 避避危险**
>
> 买食餐，有照摊，有证摊，有规范，不乱管。
>
> 肉类餐，知死因，加工餐，正常鲜，要知源，保安全。
>
> 吃的餐，色不变，味不变，不质变，不腐烂。
>
> 土特产，传统产，避风险。
>
> 食物散，清洗难，吃危险。
>
> 肉类餐，图嫩鲜，有风险。
>
> 肉类餐，避药伴，防残含。
>
> 生肉敛，亲有间，有防范。
>
> 新口感，特殊餐，奇异饭，常规变，味道怪，不安全。

拥挤段，有防范。

购物件，回家返，不放乱，防病传。

内衣穿，外套沾，避混沾。

现金传，用频繁，病传染。

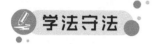

学法守法

县级以上人民政府卫生健康主管部门应当加强对医疗机构合理用药的指导和监督，采取措施防止抗微生物药物的不合理使用。县级以上人民政府农业农村、林业草原主管部门应当加强对农业生产中合理用药的指导和监督，采取措施防止抗微生物药物的不合理使用，降低在农业生产环境中的残留。

远离有这个危害标识的地方

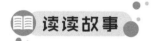

读读故事

休息日，妈妈带着晓晓坐公交车去博物馆参观。在一个十字路口，一辆车正在等红灯变绿灯。

"妈妈，这个是什么意思呀？"晓晓手指着车身上的图标，不解地问。

"这个嘛……"妈妈也说不清楚，但在她的心里，既不能让孩子问住答不上来，又不能给孩子留下错误的印象。吭哧了一下，想了想，回忆了一下在哪里见过。"医院里个别地方就有这个图标。"妈妈所答非所问。

"见到这个图标最好离远一些，总之是个危险的地方。"妈妈说着，拉着晓晓走开了。

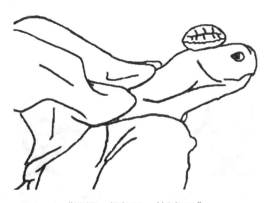

"妈妈，绿灯了，快过呀！"

"图标挺好看的，我喜欢，要是做成徽章就好了。"晓晓的想象力很丰富。

"从来没见过这种图案的徽章。"晓晓的妈妈用自己的人生经验给出答案。

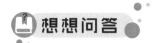 想想问答

为什么要远离有这个危害标识的地方？

这个图标表示这是个危险的地方。

为什么这个图标不能用于其他地方？

这个图标是国际通用的生物危害标识。

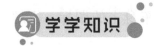
学学知识

生物危害标识

生物危害标识只能用于标示生物危害材料，而不能用于制作徽章等纪念品。

目前，该标识已经被世界同行广泛接受，成为国际通用的生物危害标识。

避避危险

下图显，在身边，有风险，远离点。

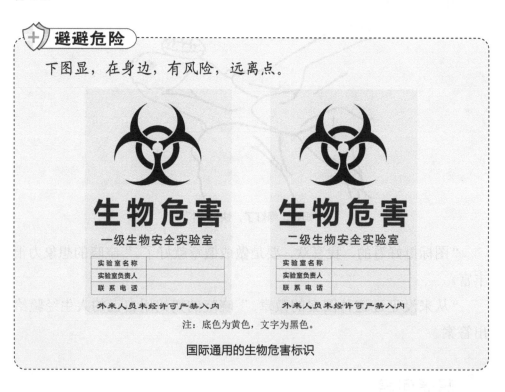

一级生物安全实验室

实验室名称	
实验室负责人	
联系电话	

外来人员未经许可严禁入内

二级生物安全实验室

实验室名称	
实验室负责人	
联系电话	

外来人员未经许可严禁入内

注：底色为黄色，文字为黑色。

国际通用的生物危害标识

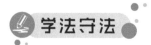
学法守法

任何单位和个人不得编造、散布虚假的生物安全信息。

提 高 篇

本篇以一个 13 岁左右男孩小于参观博物馆为背景，将生物安全涉及的相关内容有机串联起来，用白描创作方法，使枯燥的专业知识变得简单有趣，有画面感，便于理解、记忆。以下人物、情节纯属虚构，若有雷同，请勿对号入座。

什么是生物安全

周六，小于早早起床，打算等生物安全博物馆一开门就进去参观，用最快的时间完成学校老师布置的课外作业——写一篇研学报告。

小于去过很多博物馆，有的不止去过一次，唯独生物安全博物馆没有去过。

小于认为，生物安全博物馆就是介绍生物安全的，类似消防、减灾等博物馆，无非就是提醒人们要注意安全，老生常谈，没有什么有意思的内容和吸引力，因此一直没有成行。这次的研学报告正好可以选这个简单内容的博物馆，很快就能完成，还可以节省时间和同伴去郊野公园玩。

生物安全博物馆一开门，小于第一个就进去了。受到工作人员的夹道欢迎，小于有种顾客就是上帝、受宠若惊的感觉。

小于直奔大厅，心里想着这次是带着任务参观的，要做好笔记以便回去后写研学报告。

想对付作业没有那么容易，现在做作业可不是会做题就能拿高分的，而是越来越需要综合能力。比如，需要具备语文、生物、科技、人文、自然等多方面的知识和能力以及社会实践，才能写出满意的研学报告，要认真参观、认真记录、认真思考才能完成老师为素质教育而布置的提高学生自主学习和实践能力的作业。小于心想完成这次作业并不轻松。

大厅指示牌上标注着各个主题厅的名称，按参观路线依次为什么是生物安全、生物安全与饮食、生物安全与药品及生物制品、生物安全与疾病、生物安全与动物、生物安全与生物技术、生物安全与环境、生物安全与事件、生物安全与生命伦理、自我健康管理等十个主题厅。

小于决定按路线快速走一趟。

"什么是生物安全？一句话就回答了，还要占那么大的厅。"小于自言自语道。

小于刚走到什么是生物安全主题厅门口，一个1∶1人形智能机器人就从对面迎上前来。"您好！欢迎光临，答我一下再进去。"机器人用温柔甜美的嗓音说道。

"打你？"小于丈二和尚摸不着头脑。

"您真幽默！君子动口不动手，是回答问题哟。"机器人温柔地说。

小于突然对这个能够人机对话的智能机器人产生了兴趣。

"什么是生物安全？"机器人出题了。

"生物安全就是生物具有安全性。"小于简练地答道。

听到小于的回答，机器人发出了一种低低的声音，听那声音肯定是否定的意思。

"请进去按顺序了解正确答案，祝您进步，再见！"机器人按设定的程序发声。

小于一走进主题厅就被绚丽多彩的全媒体现代高科技时尚互动展示吸引住了，他目不暇接，像是看大片，不由得放慢了脚步。

小于在众多的展示中寻找生物安全的定义，自言自语道："生物安全，简单的四个字，从字面上看，生物包括动物、植物、微生物等，安全就是没有问题呗。每个字都认识，连起来却不明白是什么意思，看起来自己还真不太懂。"

"我想起来了，比如新型冠状病毒肺炎疫情就是生物安全问题。"他似懂非懂。

大屏幕上滚动播放着生物安全的相关内容。播音员的男中音非常动听，从不同角度阐述什么是生物安全。

"生物安全是指对基因修饰生物、病原微生物、外来有害生物等生物体可能产生的潜在风险或现实危害的防范和控制。"

"生物安全是一个系统的概念。从实验室研究到产业化生产，从技术研发到经济活动，从个人安全到国家安全，都涉及生物安全问题，所涉及的具体内容有一定的时空范围，而且随自然界的演进、社会和经济活动的变化及科学技术的发展而变化。"

"生物安全是对生物危害的检测、评价、监测、防范和治理的科学技术体系，是研究各种生物因素对人类健康的影响，应用已有的理论知识、技术、工程设计和设备等，防止从事相关工作的人员、实验室和环境受到具有潜在传染性的物质和生物毒害物质危害的一门新兴边缘学科。"

"与生物有关的因素是生物安全的主体；社会、经济、生态环境和人类自身的健康是生物安全的承载客体；一切危害因素或潜在风险均是生物安全的外在表现。这里所讲述的生物是指自然界各种天然的生物因子，包括一切生物物种及其生命活动的中间产物、代谢产物、转基因生物以及各种有关的现代化生物技术及其产品。"

"广义的生物安全涉及多个学科和领域：医药学、预防医学、生态、环境保护、植物保护、野生动物保护、农药、林业等。生物安全的管理工作，也不是哪一个部门能独立完成的，其相关的事务分属于卫生、农林牧、海关、环境保护等各个不同的行政管理部门。因此，做好一个国家的生物安全工作，是需要众多的行政管理部门共同协调工作的。"

小于觉得生物安全并非自己认为的那么简单，光生物安全的概念就得消化一阵子。

他移步前行，前方大屏幕上的宣传片正在介绍什么是生物安全问题，还是那个播音员的男中音，小于很喜欢听。

"生物安全问题是指人类不当活动干扰、侵害、损害、威胁生物种群的正常生存发展而引起的问题，包括生物、生态系统、人体健康和公私财产受到污染、破坏、损害等问题。"

"生物安全问题有狭义和广义之分。"

"狭义的生物安全问题是指具体的生物安全问题。广义的生物安全问题是指与生物有关的各种因素对社会、经济、人类健康及生态环境所产生的危害或潜在风险。这里,'与生物有关的各种因素'主要有三种。一是天然的生物因子,主要包括动物、植物和微生物。其中,由微生物特别是致病性微生物所导致的安全问题,如生物武器、生物恐怖、重大传染病的暴发流行等,是人类社会所面临的最重要、最现实的生物安全问题。二是转基因产品,主要包括转基因动物、转基因植物和转基因微生物。三是生物科学研究开发应用。科学家为预防控制疾病而进行微生物和生物医学研究时,或人们利用生物技术进行其他研究时,如果防范措施不严,就有可能出现意想不到的安全问题。另外,生物技术的滥用对人类健康、生态环境以及社会、经济都可能造成严重危害。"

🔍 知识环岛

生物安全概念

生物安全是指人们对于由动物、植物、微生物等生物体对人类健康、社会稳定和赖以生存的自然环境可能造成危害的防范。

广义的生物安全涵盖了更广泛的内容,包括人类的健康安全、农业生物安全和环境生物安全等。换句话说,生物安全是关于生物本身及人类和周边环境有关的一切安全问题。

生物安全不等于生物安全问题,更不代表生物具有安全性。换句话说,生物安全可以造成生物安全问题,预防和控制生物安全问题叫作生物安全。

小于按地面上的箭头指示继续前行,正琢磨着哪些具体问题是生物安全问题呢,一抬头,看到宣传片正在介绍引起生物安全问题的原因,正好消除了他的疑问。博物馆真是懂得参观者的心理,"困了就给递枕头"。

　　大屏幕上播放着 20 世纪 80 年代以来，随着人类大规模开发利用生物资源和各种生物技术的发明运用，外来物种迁入导致对当地生态系统的不良改变或破坏，人为造成的环境剧烈变化危及生物多样性，海洋污染使"生命摇篮"垂危，热带雨林消失使"地球肺部"受损，水土流失和水域围垦所造成的湿地减少正在侵蚀"地球之肾"，物种锐减使人类相依为命的"朋友"越来越少。在科学研究开发生产和应用中，经遗传修饰的生物体和危险的病原体等可能对人类健康、生存环境造成危害，环境改变、生物工程和无性繁殖等新技术的开发应用使人类对未来忧虑重重。生物安全问题日益突出，严峻形势是促使生物安全成为国家安全和国际和平问题的基本动因之一。

🔍 知识环岛

引起生物安全问题的几个方面

　　1. 生物技术

　　《生物多样性公约》（1992 年）第 2 条规定："'生物技术'是指使用生物系统、生物体或其衍生物的任何技术应用，以制作或改变产品或过程以供特定用途。"

　　因生物技术而造成的影响，既有积极的，也有消极的；既有正面的推动作用，也有负面的风险；既可以为人类带来巨大利益，也可能因管理或处置不当而对人类和环境造成很大的不利影响；既能提供巨大的生产力和社会财富，又能对社会、经济、人体健康和环境带来负面影响。

　　2. 病原微生物

　　病原微生物生物安全是指避免危险生物因子造成实验室人员暴露、向实验室外扩散并导致危害的综合措施。

　　通俗地讲，在病原微生物研究实验室和一些医学临床实验室，从事包括真菌、细菌、立克次体、病毒和寄生虫及有感染性的核酸实验时，由于失误或不正确的实验操作，通过黏膜接触、吸入、食入或接触动物等途径，造成实验室人员感染或环境污染。

3. 生物入侵

外来物种对生态环境的入侵是造成生物多样性丧失和生物安全问题的主要原因之一，目前已经成为生态环境领域的研究热点。

在自然界长期的进化过程中，动植物与其天敌（包括食植昆虫、病原微生物）形成了比较稳定的食物链和相对稳定的生态系统。

随着人类活动的加剧，随之带来的动植物、微生物的交流、灭绝，以及科学研究活动造成的生物交流，已经严重影响了地球生物多样性，破坏了地球的生态平衡。

宣传片继续播放着生物安全的由来。

"生物安全所应包括或考虑的问题，不仅仅涉及现代生物技术。从远古时代，即人类刚刚诞生起，我们的祖先和赖以生存的环境之间就存在生物安全问题了，只不过那时候的生物安全未包括现在这么多内容，生物安全问题还远没有现在这么突出，没有目前这么紧迫罢了。"

"《生物多样性公约》（1992 年）是有关生物安全的一个重要的全球性公约，该公约规定的内容大都与生物安全管理有关。为了防止外来物种入侵，该公约规定，必须预防和控制外来入侵物种对生物多样性的影响。'缔约方应考虑是否需要一项议定书，规定适当程序，特别包括事先知情协议，适用于可能对生物多样性的保护和持久使用产生不利影响的由生物技术改变的任何活生物体的安全转让、处理和使用，并考虑该议定书的形式。'根据上述规定，生物技术安全问题是该公约后续谈判的主要议题之一。"

"第五届生物多样性公约缔约方大会于 2000 年 5 月 26 日在内罗毕结束，我国于 2000 年 8 月正式签署了《卡塔赫纳生物安全议定书》。"

"我国十分重视生物安全问题，出台了多项国家标准以及若干指导性文件。"

小于记着要点和关键词，继续前行参观，来到下一个板块——生物安全与日常生活息息相关。

虚拟成像技术正在展示具体的生物安全问题事例，一家人生活的 7 分钟微电影：孩子外出回家、饭前便后没有用正确的方式洗手，把细菌、病毒、蛔虫卵等吃进肚得病的全过程。

展示台边框上写着顺口溜"饭前要洗手，饭后要漱口；习惯成自然，百病全赶走"。

"哈哈，这个写得好！"小于不由得赞叹道。

小于觉得再有价值的内容若不容易记住也达不到传播的目的，博物馆采用顺口溜、"三字经"等形式，言简意赅，使科普内容容易记忆，使传播效果更好、传播时间更长。

严肃的气氛立刻缓和下来，融洽了博物馆与参观者的关系，也使枯燥的话题变得轻松自然有趣，自然能激起参观者的满堂彩。

小于继续往前走，看到一个展示柜里展示了各式各样的口罩，并配有文字介绍不同口罩的防护作用。

小于看到了熟悉的新型冠状病毒肺炎疫情的介绍。疫情迅速蔓延，狠狠地敲打了人类一次，给各国的经济带来了巨大损失，给人民的生命财产造成了极大威胁，再次向人类敲响了警钟。

另一边的图文说明了什么是生物入侵和生物污染，即破坏性的生物物种的流通现象。

历史上有许多引入外来生物的事件，大多数会给人类带来生产的发展，给人们的生活带来快乐，给大众的健康带来福音。

但是，还有许多有意无意引入的外来生物物种可能会严重地危害生物安全，导致一些传染病的流行及农作物和牲畜发病、死亡，破坏环境和生态平衡，引起局部地区生物多样性的改变或丧失等。

敲黑板啦	生物安全与日常生活息息相关。

🔍 知识环岛

生物安全与日常生活

实际上，我们日常生活中的吃、穿、呼吸都涉及生物安全问题。不论是外来生物入侵造成生态平衡的破坏和重建，还是吃、穿等基因修饰生物产品，以及日益突出的传染病问题，都是我们日常需要面对的生物安全问题。

经历过新型冠状病毒肺炎疫情的小于对不同口罩的防护作用已不再陌生。

左前方的一个图文大表令小于驻足。

虽然基因修饰和外来物种入侵等生物安全问题难以评价（一是其生物安全问题效应是一个长期的过程，由其产生的危害不能马上显现；二是其对人们生活与健康的危害是间接的，首先影响的是生活环境或食品质量，通过环境的破坏、生态平衡的破坏或者食物成分的改变对人体产生影响，这种影响往往都是滞后的），但是病原微生物（传染病）的生物安全问题可以直接影响人们的健康，是可以评估的。

我国参考世界卫生组织和发达国家的规定，并结合我国实际情况制定了相应的生物安全标准。

我国分为四类病原，其中一类最高，危害最大。与此相适应，根据所操作的生物因子和采取的防护措施，将生物安全防护等级（biological safety level，BSL）由低至高分为四级，分别为 BSL-1、BSL-2、BSL-3 和 BSL-4。

右前方角落有一个房屋的剖面建筑模型，以及从房屋里出来的造型逼真的人，房屋没有窗户，这些人拖着疲惫的身躯，表情凝重，面容略带疲倦。

这座房屋做什么用？这些人究竟在里面干什么？

互动操作板上有若干按钮，按不同按钮会有微型 LED 灯闪烁指示前行路线，按到正确的钮就会自动播放《欢乐颂》曲目。

小于好奇，没有窗户的房屋，看起来不像库房，而且一般实验室也是有窗户的，按说建筑设计师不会犯这么低级的错误。

他实在猜不出来，于是直接看旁边的答案。

科研机构还真有这样的房屋，这种没有窗户的房屋的确不是库房，而是严格按照《生物安全通用要求》《生物安全实验室建筑技术规范》等多项国家标准及若干有关病原微生物的指导性文件建设的实验室。各房间独立，能够密闭消毒，有通过建筑系统的独立机械通风设备，安装了高效空气过滤器并采用定向气流，现场有高压灭菌器和生物安全柜，有着一般建筑不可比拟的高品质。一般人严禁进入，实行严格的人员准入制度，进入时要穿戴特殊的防护服。

这种建筑属于屏障实验室，即三级生物安全实验室（简称 P3 实验室），科研人员在其中专门诊断或研究致病因子，这些致病因子对人体、动植物或环境具有高度危险性，可以通过气溶胶使人传染上严重的甚至致命的疾病，或对动植物和环境具有高度危害并通常有预防治疗措施。比如从事严重急性呼吸综合征病毒（SARS-CoV）、高致病性禽流感病毒、新型冠状病毒等实验研究。

人们一般了解的科研实验室属于基础实验室，即二级生物安全实验室，主要用于初级卫生服务和诊断，只需要用生物安全柜保护操作者，以防护可能生成的气溶胶，遵守微生物学操作技术规范即可。

虽然 P3 实验室涉及高危致病因子，但只要完善保障制度和生物安全评价制度，病原微生物（传染病）的生物安全问题对人们健康的影响是可以评估的。可以根据生物因子的种类（已知的、未知的、基因修饰的或未知传染性的生物材料）、来源、传染性、致病性、传播途径、在环境中的稳定性、感染剂量、浓度、动物实验数据、预防和治疗等生物危害程度进行评估。科研人员只要严格按照操作规范，根据所操作的生物因子采取对应的防护措施，就可以防范、控制风险，只有对其不了解的人才会产生莫名的恐惧，谈之色变。

刚参观了第一个主题厅就有那么多未知的内容，小于内心不禁感叹，这驱使他抱着认真学习的态度步入第二个主题厅。

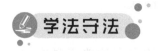

国家加强对病原微生物实验室生物安全的管理，制定统一的实验室生物安全标准。病原微生物实验室应当符合生物安全国家标准和要求。

从事病原微生物实验活动，应当严格遵守有关国家标准和实验室技术规范、操作规程，采取安全防范措施。

生物安全与饮食

小于一进入第二个主题厅，就被色香味美的饮食吸引。他是个爱吃的人，再加上身体正处于生长发育时期，哪里禁得住美食飘香的诱惑，他不禁垂涎三尺，有点迈不开步。

主题厅里，在一个灶台大小的玻璃罩中有一个家用迷你型智能做饭机器人，旁边还有一个房车大小移动式的供餐馆或单位食堂使用的大型智能做饭机器人。

小于兴致极高，按照玻璃罩旁边说明牌上的提示，用手机扫了一下说明牌上的收款二维码，对着玻璃罩前的放大版手机说了声"鱼香茄子"。这是他平时最爱吃的菜，妈妈常做给他吃。

温柔女性语音系统自动回复："请您稍等片刻，马上就好！"

智能做饭机器人根据语音指示启动开关，众多喷嘴此起彼伏，分别注入食用油、添加调味汁等，搅拌器时快时慢地旋转，锅被不时移动、颠翻，机械臂穿插其中，配合其他器械做着多种动作，按照程序紧张有序地忙碌着。

不一会儿，在小于观看机器人还没有弄清细节的时候，玻璃罩自动打开一个小窗口，一盘色香俱全的鱼香茄子就呈现在小于面前，供他品尝。

小于用菜品旁提供的一次性牙签扎了一点菜。"嗯，咸、甜，带点儿辣和微酸，鲜香浓郁，酸甜咸辣可口，味道好极了！"小于赞不绝口。

小于联想到科学课上学习人工智能方面的知识，他认为也许这个是最简单、最接地气、最实用的人工智能技术案例。

展位边的说明牌上介绍了智能做饭机器人掌握了很多的烹饪方法，比如对人健康有益的蒸、煮、炖的烹饪方法，还有焖、熬、烩、拌、炝、熘、烧的烹饪方法。此外，智能做饭机器人还会做主副食、烹饪家常菜，光是菜谱目录就多达厚厚的一本。

说明牌上还介绍了智能做饭机器人除方便生活外，还能因无人操作而避免一些环节的生物安全问题。典型案例是某餐馆厨师是新型冠状病毒无症状感染者，导致到该餐馆就餐的多名食客感染新型冠状病毒，引发疫情传播，造成严重后果，而利用智能做饭机器人就可避免这种现象。

"哈哈，这个东西好，以后我挣钱了先买一个，比我妈做的饭好吃。"小于很兴奋，像是发现了新大陆，没有想到在博物馆里还有大孩子玩的大玩具。

> ⚠ **警惕危险**
>
> - 无证小摊食品，不仅卫生没有保障，质量也不靠谱，还可能添加有害物质，容易引起食物中毒，存在食品安全风险。
> - 与生病的动物、变质的肉、生鲜市场里的流浪动物、垃圾废水接触。
> - 在未加防护的情况下与养殖或野生动物近距离接触。
> - 购买来源不明的禽类。
> - 生吃的水果、蔬菜没有洗净。
> - 食用或接触未经检疫的野生动物、生鲜等食品。
> - 加工、保存食物时生、熟不分开。
> - 肉和蛋类没有彻底煮熟食用。
> - 就餐没有分餐制。

前方飘来各种水果、蔬菜的香味，小于嗅味寻去，来到介绍食品添加剂的食品专区。

他看到前方玻璃柜里陈列着几十个同款玻璃瓶，里面装着颗粒状、粉末状等不同形状、色泽诱人的东西，走近一看才知道是食品添加剂实物展示。

每个玻璃瓶的说明牌上都写着各自所装食品添加剂的作用，如改善食品的外观、风味、组织结构或储存性质等，有的按下玻璃瓶跟前的按钮，就能嗅到该物能模拟出食品特定的味道。

旁边的图文写着联合国粮农组织和世界卫生组织联合食品法规委员会对食品添加剂的定义：食品添加剂是有意识地一般以少量添加于食品，以改善食品的外观、风味、组织结构或储存性质的非营养性物质。

图文栏分左右两部分内容。

左半部分写着食品添加剂的益处：使各种各样的食品运到各个地方仍能保持新鲜和可口，不腐烂、不变质、不变味。有些食品添加剂本身就是天然食物的组成成分，也是人体可利用的营养成分，还有的已证明对防癌、抗衰老有一定功效。

在食品安全科学和毒理学上有个经典的基本概念就是"剂量决定毒性"。剂量有两个方面的含义：一是剂量的大小，即有毒物质含量的高低；二是食用或接触有毒物质时间的长短。只有在一定的危害浓度或含量下，持续一段时间，才有可能对公众的健康真正产生危害性影响。食品卫生法规对使用食品添加剂的剂量有严格限制，在低剂量下，食用含食品添加剂的食品是安全的。

右半部分写着食品添加剂的危害：过期的食品添加剂和过期食品一样有害或更甚；不纯的食品添加剂，如汞、铅、镉等未清除；长期过量使用增白剂、着色剂、抗氧化剂、增香剂、防腐剂等添加剂和使用禁用的添加剂可造成食品污染。

至于在食品中禁用的物质不属于食品添加剂，若添加则属于违法犯罪行为。

这部分内容终于澄清了小于平时对食品添加剂的某些错误认识。

学法守法

任何单位和个人不得危害生物安全。

任何单位和个人有权举报危害生物安全的行为；接到举报的部门应当及时依法处理。

生物安全与药品及生物制品

小于出了第二主题厅，门对门，顺着路线来到第三主题厅。

小于被长长的模型沙盘吸引，直奔过去，那里正在演示疫苗研发的流程。

他情不自禁地用右手摸了一下自己的左上臂，联想到小时候打疫苗的情景，当时不明白为什么没有生病，妈妈却硬要拉他去打针。现在倒是知道那时是打疫苗、防传染病，具体什么原理不是十分清楚，正好利用此次参观弥补这方面的知识。

模型沙盘展示了疫苗研发的全部流程——锁定疫苗、疫苗初制备、动物实验、临床试验（Ⅰ期安全性、Ⅱ期有效性和Ⅲ期扩大试验）、层层筛选和验证、批准上市。

旁边墙上的图文介绍了开发疫苗的方式：灭活疫苗、减毒疫苗、重组蛋白疫苗、病毒载体疫苗、mRNA（信使核糖核酸）疫苗等。

前方依次并排放着几个展示柜。

第一个展示柜里展示了作为成功例子的乙脑灭活疫苗、狂犬疫苗。说明牌上介绍灭活疫苗是将体外培养的病毒加热或者通过化学处理达到灭活而制备成疫苗，使病毒失去感染力，但保留了病原体的抗原性。这类疫苗技术较为成熟、安全性好。

第二个展示柜里展示了大家所熟知的糖丸——脊髓灰质炎病毒疫苗。说明牌上介绍减毒疫苗是将获得的病毒或者细菌在实验室中不断地繁衍，并经过反复挑选、获得的毒力下降的毒株制成疫苗。人体在小剂量接种后，病毒或者细菌可以在体内复制，模拟自然感染过程，产生良好的免疫反应。这个方法较为经典、效果好。

第三个展示柜里展示了人乳头瘤病毒（human papilloma virus，HPV）疫苗（又称宫颈癌疫苗，属于重组蛋白疫苗）。说明牌上介绍重组蛋白疫苗是通过其他生物体，如细菌、酵母、哺乳动物的细胞或者昆虫细胞表达出大量的抗原蛋白，这些蛋白经过纯化后制备疫苗。

🔍 知识环岛

疫苗的原理

相对于上述几种把疫苗生产线放在体外的疫苗，病毒载体疫苗和mRNA 疫苗相当于是把疫苗生产线转移到人体内的新型疫苗。

第四个展示柜里展示了作为病毒载体疫苗典型代表的埃博拉病毒疫苗。说明牌上介绍病毒载体疫苗是把在人体内只能有限繁殖的病毒作为工具载体，将新病毒的抗原基因重组到载体病毒中。

机体接种载体病毒后，随着载体的感染增殖，抗原基因在体内不断表达成为蛋白，持续诱导机体产生免疫反应。

常见的载体有腺病毒和流感病毒，如果利用减毒的流感病毒作为载体，携带 S 蛋白，共同刺激人体产生针对两种病毒的抗体，则可谓是一举两得。

最后一个展示柜里没有实物展示。说明牌上介绍 mRNA 疫苗是将能翻译抗原的 mRNA 在体外合成，将 mRNA 直接递送到体内，人体自己的细胞内合成具有激发免疫反应的抗原蛋白，达到激活免疫系统的效果。

mRNA 疫苗制备高效、成本低，特别适合在重大疫情下，实现疫苗快速生产，目前还没有成功案例上市。

知识环岛

疫苗要科学、安全、有效

选择何种方式开发疫苗，是影响疫苗研制成功的重要因素，不同技术在疫苗研制过程中可以相互比较验证，其目的是筛选出最有效的疫苗。

不管采用哪种疫苗开发方式，都要在尊重科学、保障安全的前提下进行。

小于不由得感叹，脱口而出平常在同学中说的口头语："天哪！疫苗好复杂呀！"

知识环岛

生 物 制 品

生物制品是指那些利用动植物和其中间产物及代谢产物，经加工制成作为预防、治疗、诊断某种特定传染病或有关疾病的免疫制剂。

狭义的生物制品包括菌苗、疫苗、类毒素、抗毒素和抗血清等。

广义的生物制品还包括抗生素、血液制剂、肿瘤及免疫病等与非传染病有关的制剂。

这里所谈到的生物制品，除了包括为人类健康服务的制剂外，还包括用于保健、美容目的的生物用品，以及那些用于农业和畜牧业的农用生物制品和兽用生物制品等。

生物制品不仅包括人用的，还涉及那些农用和畜牧兽医方面应用的一些产品，如农业生物杀虫剂、兽用生物药品和兽用疫苗等。

生物制品可以分成四大类：预防接种用疫苗、被动免疫类生物制品、血液制品和诊断试剂。

　　小于刚才被造型逼真的模型沙盘吸引，看完沙盘演示后他又退回去看门口的生物药品。

　　"生物药品"和"药品"的区别仅仅是加了"生物"两个字吗？小于不是很清楚，他找到说明牌了解相关内容并在笔记本上记录要点。

🔍 知识环岛

生 物 药 品

　　药品从它的组成来讲，主要包括化学药品和生物药品。本书所讲的药品，主要是指生物药品，包括一部分西药和绝大部分中草药，还包括一部分用现代生物技术人工合成的药品，但不包括传统医学涉及的内容。

　　生物药品是指利用生物体本身及其代谢产物，或者人工合成的生物大分子为原料，经加工制成的药品。

　　生物药品可以直接用于治疗或预防某种疾病。

　　生物药品的生产原料主要包括微生物、微生物代谢产物，原虫，动植物本身或动物的血液、细胞或某一组织，植物的根、茎、叶，动植物的中间产物和某些代谢产物等，以及人工合成的 DNA（脱氧核糖核酸）、多肽等生物大分子材料。

　　现代生物药品，不仅包括利用生物体本身及其代谢产物为原料，经加工制成的药品，还包括利用现代高科技手段分子生物学基因工程的方法生产出的药物和生物制品。

　　例如，利用转基因技术生产的新药。把人的干扰素和人的胰岛素基因转移到动物身上，让这些动物体内产生人类需要的目标产物，再经过提纯变成药物，用于预防或治疗疾病。

　　又如，利用一种称为转基因动物乳腺生物反应器的生物技术来生产的基因工程药物。牛奶中可以伴随生产出抗凝血酶、纤维蛋白原、人血清蛋白等；绵羊奶和山羊奶中可生产抗凝血酶原、抗胰蛋白酶、生育激素、凝血因子 IX、纤维蛋白原、蛋白质 C；猪奶中也可伴有人类的蛋白质 C、凝血因子 IX、纤维蛋白原、血红蛋白等。

在实验室可以利用人工合成或重组技术合成人类所需要的多肽类生物药品或大分子蛋白类生物制剂、各种基因工程多肽细胞介素药物、各种多肽干扰素药物、多肽类激素药物、酶类药物、多肽类肿瘤生长抑制剂等。

已经上市或正在开发研制的生物工程药物有数百种，还未包括大量的其他用途的生物工程药品，如供农牧方面应用的生物工程制品。

这些新型的生物药品将为人类抵抗疾病、探索自身奥秘、发展农牧业生产展示光明的前途。

小于看到展厅里还介绍了许多历史故事，大都是自己不熟悉的，看来一时半会儿参观不全，前三个主题厅的内容就够消化一阵子了，后面还有七个主题厅呢，今天只能走马观花了解一下概貌，有个感性认识，以后还需要再来细看。

在生物药品和生物制品的发展板块，小于只想看带不走的实物、影视内容等，在有限的时间内尽可能多地参观这些内容，至于文字类知识，他打算用手机拍照保存，回去后再学习。

知识环岛

生物工程技术

利用免疫诊断、基因诊断及生物芯片等高新生物技术手段，可为病原的检测和疾病诊断技术带来革命性变化，使人们轻而易举地确诊病因，并通过基因治疗、细胞治疗等新一代生物技术的应用，使一些人们以前无法治愈的疑难病症、遗传病等得到彻底根除。

生物工程技术在生物制品的生产与研究方面，主要体现在基因工程疫苗的开发与应用。

基因工程疫苗是指使用 DNA 重组技术，把天然或人工合成的遗传物质 DNA 定向地插入细菌、酵母菌或哺乳动物的细胞内，并使其充分表达后，经过提纯生产出的疫苗，其中包括：将保护性抗原基因片段接种或融合在真核细胞的 DNA 中，经表达后产生的生物合成亚单位疫苗；以某些病毒或细菌为外源基因载体的活载体疫苗；通过基因组突变、缺失或插入的基因缺失疫苗；质粒 DNA 疫苗等。

1986 年，美国第一个基因工程疫苗上市，开创了利用现代生物技术在生物制品上应用的先例。

应用基因工程技术能生产出特别纯、不含感染性物质、稳定的减毒疫苗和能预防多种疾病的多价疫苗。

我们可以把编码乙型肝炎表面抗原的基因插入酵母菌的基因组，制成 DNA 重组乙型肝炎疫苗；把乙型肝炎表面抗原、流感病毒血凝素和单纯疱疹病毒的基因插入牛痘基因组内，生产出既能预防乙型肝炎，又能抵抗流感病毒和单纯疱疹病毒的新型多价疫苗。

我国和世界其他一些国家的科学研究单位和生物技术公司，正在研制和开发数百种人用的和供农牧业使用的生物药品及生物制品。

"阿嚏——，阿嚏——！"听到打喷嚏声，经历过新型冠状病毒肺炎疫情的小于知道病毒经过飞沫传播途径的严重性，急忙躲闪着看周围谁打的喷嚏。

博物馆每日限制参观人流量，馆内并不拥挤。

小于环顾四周，没有发现有人在身旁，原来是展厅自动感应有人经过时自动播放微电影中的一个学生发出的声音。

微电影里用超高速摄像机拍摄的不正确打喷嚏方式产生飞沫，以气溶胶形式传播的过程，形象、直观。

"大夫，我刚上完体育课，跑了一身汗，马上就脱衣服，着凉了，是不是要吃药？您给我开点消炎药吧。"微电影中的小学生在校医务室跟校医说。

"着凉了吧？应该缓穿缓脱，有个适应的过程呀。"校医亲切地说道。

"刚发生，不是炎症引起的，不用吃药。"校医明确地回答小学生，"对于常见的小毛病，不能杀鸡用宰牛刀。三分吃药，七分调理。"

"那，不吃药能好吗？"小学生仍持怀疑的看法。

"绝对不能把药物作为治疗疾病的唯一选择。调理能起到营养和防治作用，且无不良反应。在确保科学、合理用药的同时，需要正确对待药物，尽量减少对药物的依赖，减少使用不必要的药物，避免滥用抗生素。"校医答道。

"怎么能快点好呢？"小学生急于让病好了。

"俗话说：病来如山倒，病去如抽丝。我们每一个人的肌体都是一个天然的制药厂，都在持续地产生抵抗外界不良因素的'药物'。我们的免疫系统可以产生一种称为抗体的蛋白质，可以有针对性地抵抗和消灭侵入我们机体的细菌和病原体。我们体内的一些腺体可以产生某种特定的激素，这些激素可以用来调节我们的各种生理功能。"校医给学生科普了一些常识。

"嗯，不过吃药会好得快些呀。"小学生内心认准了想吃药。

"如果过多地依赖我们吃入体内的药物，就会相应减弱或影响我们机体本身的功能。长期地服用某一种药物，还会使我们的机体对这些外源药物产生药物依赖，或者对这种药物产生抗药性，使药物的效力减弱或不再起作用。生物药品也和其他药物一样，长期使用也会产生抗药性或对药物产生依赖。"校医解释道。

"许多药物的使用，只是减轻疾病的症状，真正根治疾病还需要自身抵抗疾病的免疫力的提高。因此，得了病的人需要有健康的生活习惯、营养均衡的饮食、愉悦的精神生活，才能达到治疗效果，否则将会降低药物疗效，增加药物的不良反应。"校医补充说明着。

"俗话说'是药三分毒'，不合理用药，会使健康受到损害。几乎所有的药物都具有双重性，就好像一把'双刃剑'，适当地使用药物，可以用来预防、治疗疾病。前面已经强调过，如果用药不当，不仅对预防治疗疾病不利，还可能会引起不良反应，危害我们的机体和健康。生物药品也和其他药品一样，都具有双重性，既有对我们机体和健康有利的一面，也有有害的一面。生物药物在发挥治疗作用的同时，也必然会带来不良反应。"校医把合理用药的重要性强调了一番。

"自从20世纪人类开始应用抗生素治疗疾病以来，由于对它的认识不足，人类曾经大量地滥用或不合理地长期使用抗生素，促使一些病原微生物在自然界通过基因突变产生变异，使其中的一些病原微生物产生了抗药性。当我们再次感染这种病原菌时，使用同一种抗生素就不再起作用了。"校医耐心地又把滥用抗生素以及生物药品和生物制品的危险强调了一番。

"大夫，您不给我开抗生素，我该怎么做？您怎么给我治呢？"小学生明白了校医讲的道理。

"饮食比药物在康养和治疗方面更重要。饮食是防治疾病的一种重要手段。食物与药物都有治疗疾病的作用，但食物人们每天都要吃，与人们的关系较药物更为密切。小病先找厨师。我开个方子给学校食堂的大师傅，给你开小灶吃。"校医微笑着说。

"明白了。那药膳不就是在吃的东西里加入药吗？还是要吃药呀！"小学生疑惑地问。

"说到药膳就复杂了，等学校开设中医知识入门课后就容易理解了。"校医答道。

"药膳不等于保健食品，不能不变方子久服常服。药膳方虽然有特效，但个体差异较大、情况不一，不好以偏概全。药膳只是配合其他疗法起到辅助作用，不能替代医疗，应遵从医嘱，在医生指导下使用。"校医强调着。

"要科学合理地用药。"校医利用小学生咨询的时间给他上了半堂生物安全课。

① 警惕危险

- 防病致病。

- 过度医疗、过度注射或侵入性治疗。

- 一不舒服就吃药。

- 对药物的依赖。

- 使用不必要的药物。

- 滥用生物药品和生物制品。

学法守法

国家加强对抗生素药物等抗微生物药物使用和残留的管理,支持应对微生物耐药的基础研究和科技攻关。

生物安全与疾病

小于暗自嘲笑自己刚才被微电影中的声音引起条件反射式的行为，他来到第四主题厅就直接奔着荧屏去了。

该主题厅布置的主色调为白色，墙围有宽道天蓝色装饰，令人仿佛置身于医院的环境。

小于是个电影和模型迷，超级喜欢看电影，微电影是他的最爱，能一下子吸引住他。

敲黑板啦 | 看病别添出病来。

"大夫，我没有吃药感冒就好了，为什么我同学感冒了就要吃药呢？"微电影的主角还是那个小学生，他不解地问。

"你们两个虽然都是感冒，但情况不一样。"校医答道。

⚠ 警惕危险

- 握手后没有正确洗手。
- 大声喧哗。
- 咳嗽、打喷嚏。
- 揉眼睛、抠鼻孔、摸嘴和脸等。
- 到封闭、空气不流通的公共场所和人多集中、人群聚集的地方，如病原体易于聚集的公交车站、机场航站楼、地铁站、医院、影院、市场、庙会等公共场所。

- 在人员密集处或电梯内交谈。
- 除急症外无计划就医。
- 用手直接接触医院公共区域，如医院的门把手、门帘、医生白大褂等医务用品、电梯、公厕等。
- 未加防护情况下与患者密切接触，触摸其眼、口、鼻，接触其分泌物、排泄物。

学法守法

医疗机构、专业机构及其工作人员发现传染病、动植物疫病或者不明原因的聚集性疾病的，应当及时报告，并采取保护性措施。

生物安全与动物

小于来到第五主题厅。哈哈！一大堆可爱的猫猫狗狗实物标本，有迷你犬、小型犬、中型犬和大型犬，有常见的伴侣动物犬品种，也有小于从来没见过的品种。

还有外形甜美、温柔可爱的比较常见的伴侣动物猫，很多猫的品种小于都叫不出来名字。

小于看到展厅"为保护展品，请勿用闪光灯拍照"的提示语，关闭了手机闪光灯功能，逐一把带着铭牌的实物标本拍照，留作以后识别用。

展厅内摆放了大量图文展板，详细介绍了宠物常患疾病。小于把宠物常患疾病文字介绍的内容拍下来，打算回去后再细看。

小于快速地拍下文字介绍，接着观看微电影，屏幕上故事情节在继续。

⚠ 警惕危险

- 在未加防护的情况下与养殖或野生动物近距离接触。
- 与宠物过分亲密。例如，过度搂抱宠物、亲吻宠物、宠物舔人伤口或皮肤薄弱部位、对嘴喂食、同眠共枕或同浴。
- 被小动物抓伤。
- 宠物发情时。
- 与宠物在水源地散步。

| 敲黑板啦 | 宠物病有导致人兽共患病的风险。 |

小于觉得微电影中那个学生问的问题都是替自己问的，兴趣大增。

⚠ 警惕危险

- 与其他动物或人产生不必要的接触。
- 带宠物到野外没有防范。
- 让宠物靠近其他动物的粪便。
- 随意丢弃自家宠物的粪便。

| 敲黑板啦 | 小心人兽共患病。 |

屏幕上故事情节在继续，小于认真观看着。

⚠ 警惕危险

- 和宠物过度亲近。
- 让宠物上床、沙发等人体长期接触的地方。
- 动物舔人伤口。
- 和宠物争抢玩具。
- 拍可爱的猫或狗的头。
- 哮喘病等过敏性疾病患者饲养带毛的伴侣动物。
- 有孕妇、老年人、免疫力低下的人的家庭饲养伴侣动物。
- 接触、驯养、滥捕、滥食野生动物。

学法守法

　　重大新发突发动物疫情，是指我国境内首次发生或者已经宣布消灭的动物疫病再次发生，或者发病率、死亡率较高的潜伏动物疫病突然发生并迅速传播，给养殖业生产安全造成严重威胁、危害，以及可能对公众健康和生命安全造成危害的情形。

生物安全与生物技术

生物技术如同装在汽车上的方向盘，既可以让汽车驶向理想的彼岸，也可以让汽车冲进深渊。生物技术本身没有好坏之分，关键是谁在用、用在哪里。它就像一把双刃剑，既可以造福人类，也可以在使用不当的情况下给人类带来灾难。

　　小于走进第六主题厅。"喔！"他的嘴拢成了圆形，惊呆了。炫目的展示让整个展厅颇具现代感和时尚感。

　　以前在科幻电影中看到的一些生物技术成果已成为现实。

　　小于来到介绍靶向治疗的区域，中学的生物课上已有了基本了解，他好奇靶向治疗怎么治，想直接看结果。

知识环岛

遗传身份

　　全人类享有同一个基因组，它决定了人类在基本结构和生理功能上的共性。

　　然而，不同个体基因组之间又存在着极大差异，即基因组的多态性，它反映为不同个体从外貌特征到行为举止等方面的种种差异。

　　有些个体携带的突变基因会造成具有重要生理意义的蛋白质的结构异常或功能缺陷，从而导致疾病。

每个个体基因组的独特结构，使其与物质和非物质的环境因素相互作用，形成形态、生理、病理、心理、行为乃至认知能力等个体特征的最原始的物质基础，是每个人与生俱来的"遗传身份（gene card）"。

对个体基因组信息的诠释与应用必然影响医学临床实践，基于患者基因组结构的"个性化基因组医学"的新概念和与此相关的诊治手段个性化，已开始进入临床实践。

基 因 治 疗

基因治疗（gene therapy）是指将基因或含该基因的细胞输入人体内的治疗方法，其目的在于治疗疾病或恢复健康。

广义的基因治疗是指利用基因药物的治疗。通常说的狭义的基因治疗是指用完整的基因进行基因替代治疗，一般用 DNA 序列，主要的治疗途径是体外（ex-vivo）基因治疗，即在体外用基因转染患者靶细胞，然后将经转染的靶细胞输入患者体内，最终给予患者的疗效物质是基因修饰的细胞，而不是基因药物。

除体外基因这种间接体内治疗法外，还可以用基因药物进行直接体内治疗。这些基因药物可以是完整基因，也可以是基因片段，包括 DNA 或 RNA；可以是替代治疗，也可以是抑制性治疗。

基因药物不但可用于治疗疾病，而且可用于预防疾病。

基因药物治疗方法简单易行，发展迅速，新型基因药物不断产生。

小于似乎明白了原理，他疑惑的是在什么情况下可以用基因治疗。

🔍 知识环岛

基因治疗的适用原则

基因治疗的适用原则如下。

• 限于威胁生命或明显影响生活质量的疾病。

- 有充分科学依据，可预测基因治疗对该疾病为有效且安全的治疗方法。
- 预测其治疗效果将比现行治疗方法的治疗效果更为优异。
- 预测对受试者是利多于弊的治疗方式。
- 仅限于对体细胞的基因治疗，禁止施行于人类生殖细胞或可能造成人类生殖细胞遗传性改变的基因治疗。

基因治疗的范围

基因治疗的范围很广，基因治疗的靶细胞主要分为两大类：体细胞和生殖细胞。目前开展的基因治疗只限于体细胞，主要是治疗那些对人类健康威胁严重的疾病，主要包括以下几个方面。

1. 遗传性病变

遗传性病变即遗传物质缺陷所致疾病，通过基因治疗可以修正、补充或抑制致病基因，如血友病、囊性纤维病、家族性高胆固醇血症、家族性心血管疾病等。

2. 恶性肿瘤

恶性肿瘤细胞常常会有多种基因的改变，因此，目前将一些涉及肿瘤的主要基因进行基因治疗，如 P53 抑癌基因、ras 癌基因等。

3. 多基因遗传性疾病

多基因遗传性疾病包括糖尿病、心血管疾病、高血压、动脉粥样硬化症等。

4. 感染性疾病

感染性疾病包括艾滋病、类风湿等。

5. 基因疫苗

基因疫苗，即导入一些病原体基因，以刺激机体产生特异免疫力，用以抵抗这些病原的侵袭。

旁边的视频演示着实验室转基因技术操作过程，小于看到科研人员精准的操作很是惊奇，不自主地张大了嘴。

🔍 知识环岛

转基因生物

转基因生物是指为了达到特定目的而将 DNA 进行人为改造的生物。通常的做法是提取某生物具有特殊功能的基因片段，通过基因技术加入目标生物当中。

基因是控制生物性状的最基本单位，记录着生物生殖繁衍的遗传信息。通过修改基因能改变一个有机体的部分或全部特征。

转基因食品就是对动植物的基因加以改变，制造出具备新特征的食品种类。

经基因改造的农作物，外表和天然作物没多大区别，味道也相似，但有的转基因作物中添加了提高营养物质的基因，有的则可以适应恶劣的自然环境或提高产量和质量等。

干 细 胞

人类胚胎中的干细胞又称万能细胞，它可以被培育出各种适宜人类身体的器官，对治疗人类疾病极为有利。

该展厅前半部分展示的是生物技术成果，后半部分展示的是警示生物技术的发展对生物安全的不良影响。

这么高端的生物技术成果能有什么负面作用呢？小于急于想知道答案。

知识环岛

现代生物技术是一把"双刃剑"

现代生物技术在带给人类新经济社会效应的同时，也带来潜在的问题，在为人类服务的同时可能带来不少风险。

人类是这个世界上最有智慧的动物，人类的智慧使其主宰了整个世界。

人类的活动尤其是科学活动，不仅要考虑人类的利益，而且要考虑生活在陆地、海洋、空中和土壤中的各种动物、植物和细菌的生存。

所有地球上的生物，有些在人类眼中可能是有害生物，但它们可能是人类赖以生存的生态环境中的一个重要环节。如果只考虑人类的利益，则最终可能会对人类的利益造成更大的损害。

现代生物技术可能是当今能对地球生态环境造成最大破坏的科学技术，科学工作者必须从全球生态的角度和人类安全的角度对它进行风险评估，以保证整个生物圈的安全，这也是保证人类安全所必需的。

人类应防范由现代生物技术的开发和应用（主要指转基因技术）所产生的负面影响，即对生物多样性、生态环境及人体健康可能构成的危险或潜在风险。

现代生物技术的飞速发展使人类进入了一个前人难以想象的新时代。因生物技术而造成的影响既有正面的推动作用，也有负面的风险；既可以为人类带来巨大的利益，也可能因管理或处置不当而对人类和环境造成很大的不利影响；既能提供巨大的生产力和社会财富，又可能对社会、经济、人体健康和环境带来负面影响。

偌大的展厅中弯弯曲曲、长长的参观步道让平时缺乏锻炼的小于走得有点疲倦，正好大屏幕前有座席，可以坐下来歇个脚儿，观看宣传片。

🔍 **知识环岛**

现代生物技术带来的危险

生物技术带来的危险是多方面的。

1）未经长期严格检验的生物技术会带来严重的生物污染，从而威胁到生物安全。常见的生物安全与生物伦理问题包括基因组研究和基因治疗、转基因动物和克隆技术、转基因农作物、干细胞研究、生殖技术、异种器官移植、胚胎干细胞和生物芯片等。

2）各种高科技生物产品层出不穷，有些产品可能对人类产生负面影响。例如，基因工程技术产生的转基因食品、基因工程动物和植物、基因工程药物、疫苗、基因治疗等，都可能带来很大的安全隐患。

3）现代生物技术的研究、开发、应用，以及转基因生物在进出口或跨越地区、国境转移时，可能会对生物多样性、生态环境和人类健康产生不利或潜在的影响。特别是当一些转基因生物活体释放到环境中，可能会对生物多样性构成潜在风险与威胁。

4）在科学研究中，由于研究成果跟经济利益相关，造成很多人急功近利。

5）科学家为预防、控制疾病而进行微生物和生物医学研究时，或人们利用生物技术进行其他研究时，如果防范措施不严，就可能会出现意想不到的安全问题。例如，致病微生物的实验室安全防护与管理综合措施不到位导致实验室工作人员感染，或意外泄漏导致环境污染和社区人群感染，危险生物因子造成实验室人员暴露、向实验室外扩散并导致危害。

6）生物技术的误用、滥用或非道德应用对人类健康、生态环境以及社会、经济都可能造成严重危害。

许多研究和事实表明，人们在开发利用生物技术时，有可能会出现意想不到的安全问题。生物技术弄得不好会产生严重的环境问题，特别是生物安全问题。

宣传片中男播音员富有磁性的声音正在陈述："在现代生物技术中，对人类造福最大且最具有潜在风险的有克隆技术、胚胎移植技术、基因重组技术、DNA 重组技术、细胞杂交技术等为代表的基因工程技术。现代生物技术的开发和应用，特别是转基因技术的大量应用，对经济发展、农业生产（包括粮、棉、油、畜禽、水产养殖等）、医药卫生、社会伦理等都产生了很大影响。目前，对生物技术所可能引起的生物安全问题，特别是对自由研究、制造、引入（环境）、投放（入市场）和排放转基因有机物（genetically modified organisms，GMO）或转基因生物可能产生的环境风险和安全问题，已经引起许多国家的关注和学术界的争论。"

宣传片中演示着基因治疗的可遗传性。

🔍 知识环岛

基因治疗存在的安全性问题

1. 导入基因的安全性

基因治疗的安全性应确保不因导入外源目的基因而产生新的有害遗传变异，应构建相对安全的基因治疗载体。

评估插入的新基因可能增加一个重要基因，或激活一个原癌基因的危险程度。

2. 生殖细胞基因治疗

与安全性相联系的就是生殖细胞基因治疗。它虽然在人类尚未实施，但在动物实验中已获成功，这就导致转基因的动物出现。

这一事实既给人类生殖细胞基因治疗带来了希望，也使人们担心这种遗传特征的变化世代相传，将给人类带来潜在风险。

3. 操作的安全性

为安全起见，在临床试验之前，必须在动物研究中达到三项基本要求：①外源的基因能导入靶细胞并维持足够长期有效；②该基因要以足够的水平在细胞中表达；③该基因应对细胞无害。

方案的实施要根据严格的技术规程与标准，由有关行政管理部门批准。在进行基因治疗时，应该做到以下几点。

1）基因治疗应确实遵守相关规范。

2）基因治疗所使用的制品，应依其试验阶段及制品性质，符合相关优良操作或制造规范［良好实验室规范（good laboratory practice，GLP）、药品生产质量管理规范（good manufacturing practice，GMP）或共性技术平台（generic technology platform，GTP）］或类似规范。

3）基因治疗所使用的实验室，应符合相关实验室标准规范。

4）施行基因治疗时，应注意生态环境保护及生物安全性。实验室操作应遵守基因重组实验原则。

宣传片继续播放着，说到了人类胎儿基因的编辑。

🔍 知识环岛

人类基因组

人类基因组（human genome）是人类遗传物质的总和，人的全部基因（3万～4万个）就载于总长为32亿个碱基对的DNA分子上。

人类基因组计划（human genome project，HGP）旨在测定人类基因组全序列，并在此基础上解释和阐明人类遗传物质的结构和功能。

人的生理过程和完整的疾病基因谱已经成为分子水平研究的目标。

转基因生物对人类社会秩序的不利影响

人们对生物技术与生物安全有关的伦理、法律与社会问题越来越关注。

随着基因技术的发展，人类完全有可能修改自已，特别是后代的基因，这对预防与治疗疾病，对人体性状的改善，是非常诱人的，但与此同时也会产生一系列的问题。例如：在修改基因的过程中，可能产生一种新的生物病原体，而人类对此病原体尚无准备，那么就有可能对人类造成祸害；人体是一个复杂系统，改变一个基因后会不会引起一系列其他基因结构或功能的改变，这是一件充满风险的事情；还有一些哲学问题，如什么是好的基因？如果人人都变得漂亮了，漂亮还存在吗？如果人人都变得聪明了，聪明还存在吗？

宣传片又说到微生物基因的合成。

🔍 知识环岛

生物药品和生物制品的生物安全问题

生物药品和生物制品是一类很特殊的药物制品，从研制开发到最终产品的应用，都存在着生物安全方面的因素与风险，甚至这些生物安全方面潜在的危险因素或风险，会在应用某种特定生物药品或生物制品之后的很长一段时间才能被人类正确地认识到。小则会影响个人的健康或生命，大则有可能对社会产生某些生物安全隐患或灾害，或者造成无法挽回的损失。

比如，在生产和应用生物药品和生物制品时，如果操作不当，病原微生物有可能会引起相关实验研究人员被感染，有可能会造成环境污染，有可能连锁影响到某些非目标生物，对这些生物产生遗传性状不稳定因素，其本身的特性和我们在安全防护方面仍然存在某些漏洞，以及人类知识还不能预测到的一些因素，可能会给我们带来某些负面影响。

因此，关注与重视生物药品和生物制品的生物安全问题，不仅是因为它直接或间接地影响人类的生命健康和安全，而且是大力提高和保障动植物的安全，保障人类赖以生存的环境，以及促进社会和谐稳定之需。

转基因生物制品的生物安全问题

1. 实验室重组 DNA 试验隐含的生物危害

当开发基因工程疫苗时，最重要的是要获得符合需要的优秀的基因工程菌、毒株。因此，必须进行实验室内的基因切割、连接、修饰等工作。然而，这些基因工程菌、毒株在鉴定为无害或确定安全等级之前，都存在着可预见或潜在的生物安全因素。

例如，某些基因工程菌、毒株或基因片段带有致病基因、抗药基因等，如果缺乏足够的安全意识，使这些基因工程菌、毒株或基因片段受到污染并进入到外界环境中，一旦在外界环境中发生突变或与环境中的物种发生基因重组等，就可能会造成严重的生物安全灾害。

2. 基因工程工业化生产的潜在危害

工业化生产基因工程产品也同实验室研究一样，存在着上述生物危害，但其安全控制却更加困难。

3. 重组基因活疫苗的安全性问题

重组基因活疫苗可能存在着实验室和生产过程中的安全问题，与普通活疫苗一样有可能发生基因突变，重组的概率也相对较高。

因此，对于重组基因活疫苗从研究设计到环境释放，都要进行严格的安全评估和控制。

4. 质粒 DNA 疫苗的安全性问题

质粒 DNA 疫苗就是将经过人工改造的质粒 DNA 直接免疫于人或动物，以此获得免疫保护的疫苗。

这种做法同样存在其野外与动物体基因组或其他生物发生整合重组的可能。

5. 人类细胞、组织与其他来源的细胞、组织产品的安全性问题

生物制品的生产，经常需要应用一些细胞、组织来培养或作为载体。

这些细胞、组织都来自动物或人，特别是某些传代细胞是肿瘤细胞传代而来的。因此，其安全性问题也是不得不面对和关注的方面。

"信息量好大呀！"小于觉得消化这些内容需要一段时间。

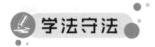

生物技术研究、开发与应用，是指通过科学和工程原理认识、改造、合成、利用生物而从事的科学研究、技术开发与应用等活动。

生物安全与环境

生活安全离不开环境保护。

小于站起身,来到第七主题厅,直奔着微电影去了,还是看微电影轻松。

他喜欢微电影用讲故事的形式科普抽象的理性主题,将它们具体化、生活化,通俗易懂。

他又看到微电影中那个熟悉的小主人公——小学生和他的妈妈。

"妈妈,我回来了。"小主人公边说边走进家门。

"回来了,在门厅换上拖鞋,再去洗漱间洗手。饭准备好了,洗完手马上吃饭吧。"妈妈在厨房听见动静答道。

"知——道——了——。"小主人公拉长声。几乎每次回家听到妈妈的第一句话都是这个。

"你还别不耐烦,以前妈妈给你讲的故事忘了?"妈妈担心孩子只是答应却不认真按她说的做,高举着沾满面粉的双手,赶紧从厨房出来,监督着他照着去做。

"妈,终于考完了,明天我想跟同学一起出去玩,当天回不来,远,好几天呢,您不会又不让去吧?"小主人公边洗手边试探地跟妈妈说。

"妈多会儿反对过你了?有同学做伴,只要可行,妈都支持。考完了是该出去放松放松,不过你也太想起一出是一出了,还没有准备好,明天就走,时间太赶了。"妈妈有些焦虑。

"要准备什么呀?就是需要您给些吃住的钱。"小主人公轻松地说。

"你冷不丁一说，我还没有思想准备，你不跟家里人一起出门。"妈妈说。

"放心吧，我都是大人了，再说我们同学好几个人在一起呢。"小主人公满不在乎。

"再大的人，在妈眼里永远都是孩子。好吧，妈不反对你去。健康和安全永远都是第一位的。记住，'走路不看景、看景不走路''一慢、二看、三通过'在日常生活中同样适用。"妈妈叮嘱道。

"外出必带物品——身、手、钥、纸、钱（谐音：伸手要纸钱），即身份证、手机、钥匙、卫生纸、钱。""所带物品的原则：可带可不带的不带，体积小、袖珍迷你，重量轻，多功能、一物多用。为了环保、卫生，勤俭出行，自带水杯。"妈妈继续说道。

"嗯。"小主人公回应道。

"不要贪心，小心被骗；不要分心，小心被盗。"妈妈提示着。

"嗯。"小主人公应付着。

"养成良好的卫生习惯，进食禽肉、蛋类要彻底煮熟，生吃的蔬菜、瓜果之类的食物一定要洗净。购买蔬菜水果要去正规的集贸市场或超市，这些场所的蔬菜水果一般都经过农药残留检测，合格才能上市。不要认为田间地头和流动摊贩的水果蔬菜最新鲜而盲目购买，这些未上市的果蔬大多没有经过抽检，不能保证农药残留是否合格。"妈妈强调着。

"嗯。"小主人公认为只要妈妈能给钱让出去玩，说什么都答应。

"我们每个人每天都离不开空气、食品、水，它们如果受到污染，无论是否严重都会对人体健康产生危害。因此，要保护当地的生态环境，不要随意捕捉野生动物、采摘野生植物。"妈妈认为儿子第一次离家出远门，千叮咛万嘱咐，唯恐遗漏应注意的事项。

"嗯。"妈妈说一句，小主人公嗯一声。小主人公曾看过一篇科普文章，说人每天在不同时间的情绪会随着体内激素分泌的变化而变化。现在正是晚上七点左右，人的情绪极不稳定，任何小事都可能引起口角。要是以前，小主人公可能早就打断妈妈的话了，但为了争取出游费用，他耐心地听着。

"这次出去走走看看也好，观赏自然风光、游览名胜古迹可以使人心旷神怡，可以丰富生活，增长知识，能充分认识环境保护的重要性，还能从中得到一些启示、悟出一些生活哲理，更加体会到生活哲理的深刻含义，从而更好地生活和学习，提高生活质量，这对每个人都大有裨益。"妈妈自语道。

"还有，要尊重当地文化和宗教习俗。"妈妈又想起一点。

"妈，我这一出门，您跟我说的注意事项都可以写本书了。"小主人公夸张地说。

敲黑板啦 | 人类与大自然必须和谐共存。

⚠ 警惕危险

- 近距离接触、喂食、触摸恒河猴等。
- 接触动物的排泄物、毛屑、污物、尸体。
- 与动物近距离接触。
- 被携带有病原体的蝉虫、蚊子、跳蚤叮咬。

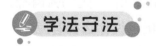

学法守法

为了维护国家安全，防范和应对生物安全风险，保障人民生命健康，保护生物资源和生态环境，促进生物技术健康发展，推动构建人类命运共同体，实现人与自然和谐共生，制定《中华人民共和国生物安全法》。

生物安全与事件

　　小于走进第八主题厅，迎面而来的是一个高大的立柱式 LED 显示屏，显示屏显示着从古至今较大型的烈性传染病，强大的古罗马帝国因鼠疫大流行导致一半以上人口死亡，横行非洲的埃博拉病毒曾在一个个村寨中肆虐，显示屏下方左侧显示的是从新型冠状病毒肺炎疫情暴发后有数据统计的日期，下方右侧显示的是世界卫生组织发布的同期对应的全世界被感染确诊的人数。

　　他看到疫情暴发后的前半年，全世界有 1400 万左右的人被感染确诊，很是震惊。

　　小于前行至背景音乐很恐怖的大屏幕前，屏幕上正在播放着防范生物恐怖袭击的专题片。

　　专题片演示发生在美国的炭疽袭击事件，该事件已对传统国家安全产生了强烈的冲击，并引起了世界各国的关注，使得原先不被普通人认识的"生物恐怖"问题越来越受到关注，如加拿大、法国、英国、德国、以色列、日本，包括我国等许多国家都发生了"白色粉末"信件的恶意恐怖行为。

🔍 知识环岛

防范生物恐怖

　　生物技术带来的消极隐患之一是，如果先进的生物技术被恶意利用或误用，就可能会产生给人类健康和社会发展带来巨大威胁的新的危险病原体，这些病原体可能被用于发展生物武器和生物恐怖活动。

在全球恐怖活动日益猖獗的今天，生物恐怖袭击的威胁已越来越现实，这是因为：生物恐怖材料不但容易获得，而且容易研制、储存和运输；生物技术具有军民两用性，它在生产中的广泛运用，使人们很难对生物材料的生产、运用进行严格监控。

获取可用于制造生物武器的生物制剂比较容易，绝大多数生物制剂在疾病的天然暴发过程中就可以获得，虽然恐怖组织等还难以拥有利用这些生物制剂来制造武器的技术，但利用生物手段来进行大规模的恐怖活动已经不再仅仅是潜在的威胁。

要想识别生物袭击的发动者不是那么容易，恐怖组织甚至可能神不知鬼不觉地发动攻击。

刚开始，生物武器技术只是掌握在个别国家的手中，随着社会的发展，世界上一些恐怖组织也渐渐掌握了生物武器技术，并运用在了恐怖活动中。

生物恐怖活动已经成为一种新战争样式，具有易行性、散发性、隐蔽性、突发性、多样性和欺骗性等特点，因而对生物恐怖活动的预防和应急反应有很大的困难。

在 20 世纪，整个国际社会为禁止生物武器进行了不懈的努力，并取得了一些进展。然而，进入 21 世纪，生物武器的潜在威胁已大大增加，一些国家和地区可能仍在继续研制和发展生物武器。另外，生物技术的迅速发展大大增加了生物武器的潜在威胁，以美国"炭疽袭击事件"为标志的生物恐怖活动对国际安全已经构成了现实威胁，它的出现极大地打击了人们的安全心理，改变了人们的安全观。

面对恐怖和邪教分子无孔不入跨国界进行危害人类的恐怖活动新动态，认识和了解生物恐怖病原及其特征，同时进行有关医学防护对策的科学知识普及，具有一定的重要性、紧迫性和必要性。

屏幕上紧接着播放防御生物武器威胁专题片。

该专题片播放了 1763 年 3 月人类首次真正的生物战。正在美国俄亥俄—宾夕法尼亚地区进攻印第安部落的英国的亨利·博克特上校，使用计谋把从医院拿来的天花患者用过的毯子和手帕，送给两位敌对的印第安部落首领，几个月后，天花在印第安部落中流行起来。

屏幕上还播放了第二次世界大战中，日军在中国实施细菌战长达 12 年（1933—1945 年）之久。当时，日军投放细菌战剂的方式有细菌炸弹、飞机喷雾和人工散布等。其中，细菌炸弹可大面积污染地面和产生传染。直到现在，中国的土地上还有日军遗弃的化学武器，分布在东北、浙江等地，最大的遗弃点在吉林省。这些细菌武器污染土壤和地下水已经几十年，对居民和环境造成了严重的危害。

在抗日战争时期，日军在我国东北设立了臭名昭著的 731 细菌部队，犯下了制造实验室感染和细菌武器的滔天罪行。

在抗美援朝战争中，美帝国主义也在我国东北地区投放过病菌，发动过可耻的生物战争。

知识环岛

生 物 武 器

生物武器是以生物战剂杀伤有生力量和毁坏植物的各种武器、器材的总称。

生物战剂是用以杀伤人、畜和破坏农作物的致病微生物、毒素和其他生物性物质的总称。

小于看得心情很沉重。

他理解生物武器是那些战争狂人或恐怖分子为达到其战争目的，利用一些烈性传染病，如细菌、病毒等致病微生物及各种毒素和其他生物活性物质来杀伤人、畜和毁坏农作物的一类武器，也可以说是一种人为的实验室感染。

生物制剂包括生物药品和生物制品。生物制品在一些反人类的恐怖分子手中会变成一种可怕的武器——生物武器。

屏幕上还播放着 1998 年美国国防部前部长科恩为了展示美国对付生物化学武器的能力，讲解炭疽热的威胁。科恩手里拿着一袋 2.25 千克的白糖说，要袭击一个大城市，只需要与这同等重量的炭疽热病菌即可。

🔍 知识环岛

生物武器的特点

1. 传染性强

由微生物引起的传染病发病快、死亡率高、传播范围广，不仅严重危害人们的健康，而且极易引起大众的心理恐慌，这正是恐怖分子所期望的。因此，微生物常常成为恐怖分子制造生物恐怖事件的首选武器。

某些生物战剂致病力强，只要少数病菌侵入人体就能引发疾病。例如，只要把 100 千克的炭疽芽孢通过飞机、航弹、老鼠携带等方式释放散播在一个大城市，就会有 300 万市民被感染毙命。

某些生物战剂，如鼠疫杆菌等，有很强的传染性，在一定条件下能在人群中传播并长期流行。

2. 杀伤范围大

生物战剂致病能力强、有传染性，又可随风飘散，通过空气大规模传播，在气象、地形条件适宜时，可造成大面积污染，危害性大。

3. 传播途径多

生物战剂可通过呼吸道、肠道、直接接触、昆虫叮咬等方式传播疾病。

4. 作用持续时间长

炭疽芽孢一旦释放后，可在该地区土壤中存活 40 年之久，具有很强的生命力，即使已经死亡多年的朽尸，也可成为传染源。

5. 难防难治

与其他武器相比，生物武器可以是随身携带的装有生物战剂的胶囊，使用时不需要其他相关设备和装置，使用后表面一般不会留下痕迹，这就使得通过技术检查手段获得对生物恐怖的早期预警较为困难。

释放生物武器的方法非常简单，不需要事先进行太多的物资准备，可以抛撒、散布。

与其他恐怖活动相比，生物恐怖活动可以直接隐藏在普通的生活中，让人们防不胜防。

生物武器致病也极难治疗，如炭疽芽孢等生物战剂一旦释放后，极难根除。

6. 不易被发现

生物战剂气溶胶无色无味，加之多在黄昏、夜晚、拂晓、多雾时被秘密施放，所投昆虫、动物容易和当地原有昆虫混淆，不易被人发现。

7. 造价低廉

生物武器成本低，而且与造价昂贵的大规模杀伤性武器相比，生物武器的杀伤能力强、持续时间长，是"廉价的原子弹"，有人将生物武器形象地形容为"穷国的原子弹"。

有关资料显示，以 1969 年为例，当时每平方千米导致 50%死亡率的成本，传统武器为 2000 美元，核武器为 800 美元，化学武器为 600 美元，而生物武器仅为 1 美元。

8. 容易制造

生物武器生产技术难度不大，掌握这些生物武器不需要特别高深的专业知识，只要稍有生物常识，就可以轻而易举地掌握其增殖技术。

生物武器研制隐蔽性强，几乎可以在任何地方研制和生产，使用方法非常简单。

尽管许多国家对生物战剂的监控相当重视，但这些生物战剂仍有流向社会的可能。

世界著名科学家霍金曾说："从长远来看，我更担心的是生物武器。核武器的生产需要庞大的设备，而生物武器的制造在一个小小的实验室里就能完成。人们根本无法控制世界上所有的实验室。也许有意或无意之中，我们就制造了某种可能彻底毁灭人类的病毒。"这绝不是危言耸听。

宣传片继续讲述着生物战剂鼠疫、天花等如何通过吸入途径侵入人体，霍乱等如何通过误食途径侵入人体，炭疽杆菌等如何通过接触途径侵入人体，带有生物战剂的昆虫如何通过叮咬途径侵入人体。

知识环岛

生物战剂侵入人体的途径

1. 吸入

生物战剂污染的空气可以通过呼吸道吸入肺部，造成吸入性感染，导致人体生病，死亡率非常高。

2. 误食

食用被生物战剂污染的水、食物进入肠道，形成肠道性感染而得病。

3. 接触

生物战剂可直接经手或身体外部皮肤、黏膜、伤口接触带菌物品进入人体，形成接触渗透性感染。

4. 叮咬

人被带有生物战剂的昆虫叮咬而致病。

随后，宣传片介绍了基因武器可能给人类带来毁灭性的危险。

知识环岛

基 因 武 器

基因武器是指运用遗传工程技术，在一些致病细菌或病毒中接入能对抗普通疫苗或药物的基因，产生具有显著抗药性的致病菌，或者在一些本来不会致病的微生物体内接入致病基因而制造出来的新型生物制剂。也就是说，通过采用 DNA 重组技术改变细菌或病毒，使不致病的细菌或病毒成为能致病的细菌或病毒，使可用疫苗或药物预防和救治的疾病变得难以预防和治疗。

防范生物武器

人类不同种群的遗传基因是不一样的，将不同基因组合的种族作为基因武器的攻击目标是完全可行的，这种新型武器被称为"种族武器"。

根据美国国家人类基因组研究中心的报告，由多国联合开发的人类基因组计划的完成，可排列出组成人类染色体的 30 亿个碱基对的 DNA 序列。一旦不同种群的 DNA 被排列出来，就有可能生产出针对不同人类种群的基因武器。

某国曾利用细胞中的 DNA 的生物催化作用，把一种病毒的 DNA 分离出来与另一种病毒的 DNA 相结合，拼接成一种具有剧毒的基因毒素——"热毒素"。

掌握基因武器的人不必兴师动众，只要将基因细菌或病毒喷洒在空气中或者倒入饮用水里，就可以让成千上万的人毙命。

随着转基因生物武器的研究和应用，有可能会引起新的军备竞赛和战争危险，如果对基因武器失去理智或控制，有可能危及人类社会的生存。

生物武器对人类、动物及其生活环境危害性大，而且影响持久。

生物战剂的破坏力、威慑力不亚于核武器。因生物武器危害极大，一旦被战争狂人和恐怖分子掌握，利用烈性传染病菌苗或毒素制成反人类的可怕生物武器，将会对毫无准备的无辜平民造成巨大的伤亡。因此，制止生物武器在全球的扩散是国际社会面临的重大挑战之一。1975 年生效的《禁止生物武器公约》明文规定禁止使用生物武器。

全球恐怖主义活动日益猖獗，人们最担心的就是生化武器的扩散。

只要 20 平方米的空间和 1 万美元的资金，就可以建立一座一流的生物武器库。

生物武器研制技术已不存在什么秘密，利用重组 DNA 技术可以使许多疫苗和抗生素失去作用。

如果让那些恐怖分子掌握了生产生物武器的技术，任何反恐力量将会变得十分脆弱，世界安全将无法保障。

屏幕上出现了小于熟悉的一幕，2019 年底至 2020 年初，一场突如其来的新型冠状病毒肺炎疫情在世界各国和地区大规模传播蔓延，对全球经济和社会造成了非常严重的影响。

解说员铿锵有力地说："疫情肆虐再次证明，在人类与自然界交互过程中，病原体微生物对人类的伤害和威胁将越来越大。所以，在大力发展经济的同时，绝不能忽视生物安全的现实性和紧迫性。"

🔍 知识环岛

对生物武器的防护措施

对生物武器的防护包括以下措施：

· 接种免疫疫苗。

- 采取个人防护措施。
- 隔离染病人员。
- 做好灭菌消毒工作。
- 做好杀虫、灭鼠等消灭传染媒介的工作。

宣传片最后，解说员说道："除了防范可能发生的生物袭击外，要将注意力更多地放在预警等方面，特别是更加重视改善公共卫生系统的服务质量。"

"生物武器危害巨大，全世界有数十种生物制剂、数百种危险生物，对人类安全构成巨大威胁。各国人民应联合起来，在共同对付恐怖分子的同时，依靠现代生物技术提高生物安全检测技术，建立健全防御生物恐怖分子和防治重大疫病的应急体系，加紧研制针对主要生物恐怖因子的疫苗与治疗药物，为各国人民的安全提供技术保障和支撑。"

看完宣传片，小于心里五味杂陈，并有一种危机感。

小于在展厅里看到了一张纪实大照片，它是疫情暴发时社区的横幅标语，非常有时代感：

"平时多防备，险时少流泪。给生命微薄的投资，极可能得到鲜活生命的回报。"

敲黑板啦 | 恐怖来源于未知。

小于看完这些宣传片，联想到自己经历的全球新型冠状病毒肺炎疫情，心情沉重。"好可怕呀。"小于小声自语道。

⚠ 警惕危险

- 不明来源的动物尸体、排泄物等。
- 滥杀动物和食用野生动物。
- 无防护、未远离病原传染源。

学法守法

生物武器，是指类型和数量不属于预防、保护或者其他和平用途所正当需要的、任何来源或者任何方法产生的微生物剂、其他生物剂以及生物毒素；也包括为将上述生物剂、生物毒素使用于敌对目的或者武装冲突而设计的武器、设备或者运载工具。

生物恐怖，是指故意使用致病性微生物、生物毒素等实施袭击，损害人类或者动植物健康，引起社会恐慌，企图达到特定政治目的的行为。

生物安全与生命伦理

小于前往第九主题厅，这里的宣传片在讲述着伦理学问题。现代生物技术还涉及伦理？这方面的内容还从来没有想过，小于越看越认真。

🔍 知识环岛

伦 理 问 题

外源遗传物质可能影响生物的群体遗传特征。目前的基因治疗主要限于生物的体细胞，而生殖细胞和受精卵则禁止使用。

1. 体细胞基因治疗的伦理学问题

体细胞基因治疗是符合伦理道德的，但试图纠正生殖细胞遗传缺陷或通过遗传工程手段来改变正常人的遗传特征则是引起争议的领域。

体细胞基因治疗重要的是取得社会和患者及其亲属的理解配合。因此，要宣传基因治疗的科学性、安全性及人类健康的重要性，以提高人们的认识，同时建立并完善医疗法制与措施。

生命伦理学家主要考虑技术的安全性、基因干预的潜在利弊、该研究的参与者参与机会的公正性、研究参与者知情同意的真实性以及参与者的隐私和医学信息保密等。

伦理学家的着眼点在于生命伦理学的一些基本伦理原则：有利原则、尊重原则、自主性原则、知情同意原则、保密原则和公正原则。但对这些原则如何进行应用却有一个实践和争议的过程。

伦理问题不断出现，争论也较激烈，研究者在将体细胞基因治疗方式应用到临床时，应当比器官移植、试管婴儿等技术还要审慎和仔细。

2. 生殖细胞基因治疗的伦理学问题

生殖细胞基因治疗正处于试验研究之中，尚未进入临床人体应用阶段。

1992 年 9 月，尼尔（Nill）博士向美国国立卫生研究院（National Institutes of Health，NIH）审查委员会提交了有关生殖细胞的自发突变和诱导突变的伦理问题的提案，提出及早讨论伦理问题可以降低风险，做好准备。

一旦技术突破，生殖细胞基因治疗可行，预先的伦理讨论就会为合理的监督政策的制定奠定良好的基础。

赞成生殖细胞基因治疗的科学家认为，生殖细胞基因治疗可能是预防基因缺陷所致的特殊生物体损伤的唯一方法。它比体细胞基因治疗技术还要成功，因为它所需的技术突破是基因置换或基因修复。这种赞成生殖细胞基因治疗的论证遭到了许多反驳，反驳的理由基于技术负效应，即一旦技术上发生问题，这种负效应是严重且不可纠正的，不仅影响受试者，而且将影响他们的后代。

3. 增强细胞基因治疗的伦理问题

增强细胞基因治疗不是真正意义上的纠正疾病基因，而是改变人的正常特性，一般称为增强基因工程。

增强基因工程可分为与健康相关的增强基因工程和与健康不相关的增强基因工程。

相关的伦理问题包括：基因增强仅仅应用于知情同意的成年人吗？父母在道德上可以为了他们的孩子的利益而接受基因增强吗？基因增强应该适用于所有的人，抑或只能施惠于那些能承受费用的人？生殖细胞基因增强在道德上是否可以接受？等等。

改变人的肤色、发色、智力、性格甚至道德观念是与健康不相关的增强基因工程的主要内容，存在的伦理争议更多，更复杂。

"真复杂呀，太'烧脑'了。"小于从没有思考过这些问题，越看越上瘾。

知识环岛

伦理道德问题

包括克隆技术、遗传工程在内的现代科学技术，不仅将一切自然物加以人化，也将人予以物化。

随着诸如克隆技术等现代生物技术，特别是克隆人或人体器官技术、人体和动物之间的基因交换或移植技术的发展，当代社会出现的人体器官移植、器官捐赠等现象已经将人体的一部分作为物或商品，这有可能引起新的种族歧视、性别歧视、人身商品化、侵犯人的尊严等新的伦理道德问题，严重的会造成新的社会伦理风险、经济风险和社会动荡。

"还是轻松一下吧。"小于为了放松神经，来到了微电影播放区。

微电影正在播放现代科学技术已成功克隆多种动物的案例。

"为什么没有听说哪个国家在克隆人呢？假如我被克隆出来了，满大街都是一样的我，到底哪个是我呀？还有，可能会出现辈分不清及关系错乱的现象，乱了套了。再说了，万一没有克隆好，弄出来个缺胳膊短腿、歪鼻子斜眼的我，那可怎么办呀？"小于脑洞大开，平时还从来没有思考过这方面的问题。

"人不能被克隆，太可怕了。"小于微微摇了摇头，以自己的理解方式自问自答。他也讲不清为什么不能克隆人，但凭直觉此事不能有。

"克隆人不符合生命伦理。"微电影荧幕上正伴随着敲键盘的声音蹦出硕大的字体来。

"什么是生命伦理？为什么克隆人不符合生命伦理呢？"小于又不解了，在展厅里寻求着答案。他并不急于知道生命伦理的准确定义，只希望展厅里的信息能让他明白生命伦理讲的是什么就好了。

| 敲黑板啦 | 生命伦理就是什么事该不该做、如何做。 |

🔍 知识环岛

克隆人的伦理问题

1. 不安全

虽然克隆技术发展迅速，但目前克隆动物的成功率只有 2% 左右，贸然将克隆技术应用到人类身上，若克隆出畸形、残疾、早夭的婴儿，则是对人类健康和生命的不尊重和损害。

2. 有损人的尊严

克隆人把人当作产品甚至商品，损害了每个个体生命的独特性，背离了人非工具的伦理原则，是对人的尊严的侵犯。

联合国教科文组织《人类基因组与人权世界宣言》明确指出："违背人的尊严的做法，如人类的生殖性克隆是不能允许的。"

3. 传统观念

克隆人会对人性、人格和家庭等传统观念带来冲击，是对人的个性、不确定性和相互联系性的严重挑战。

4. 工具化

克隆人将被视为物件，可随意宰割利用，人类将会受到"人工克隆人工具化"的威胁。

5. 优生学

克隆人会给优生学开方便之门，怂恿一些人去操控另一些人，败坏人的重要社会价值。

宣传片播放着与克隆人相关的内容。

🔍 知识环岛

克隆人伤害了克隆原体

克隆人是另外一个个体，这个个体是与克隆原体完全独立的另外一个行为主体，这就使克隆原体受到了伤害。

首先，从技术可能性的情况来看，我们无法预知，如果对某一种在功能上与其他基因紧密相连的基因进行干预性改变，生物体内的这种自然的相互牵制的系统会发生何种连锁反应？

其次，根据目前掌握的知识，要想将人类基因组的所有基因重新进行准确的排列，并使之正常地发挥作用，是根本不可能做到的。

我们知道，设计是以设计者为前提的，一个有着设计者与被设计者之别的人类图景，对于平等原则是一种基本的违背。因为人们无法回答凭什么他自己或者任何别的一个人有权作为未来人类特征与品性的设计者。显然，这里存在着一种"道德优越感"，似乎我们，或者说一个医生、哲学家、国家的行政长官拥有着一种控制他人的实力。

宣传片的最后仍然是播音员总结性的话语："虽然人类基因组研究涉及的伦理、法律和社会问题广泛而深刻，但只要充分地认识到这些问题的存在，注意宣传和知识普及并形成社会共识，参照国际准则和国际经验并结合我国实际，制定可操作的、有行为规范作用的条例与法规，则与人类基因组计划相关的伦理、法律、社会问题是可以逐步得到妥善解决的。"

⚠ 警惕危险

- 违背生命伦理学基本原则。

学法守法

国家加强对生物技术研究、开发与应用活动的安全管理，禁止从事危及公众健康、损害生物资源、破坏生态系统和生物多样性等危害生物安全的生物技术研究、开发与应用活动。

从事生物技术研究、开发与应用活动，应当符合伦理原则。

从事生物医学新技术临床研究，应当通过伦理审查，并在具备相应条件的医疗机构内进行；进行人体临床研究操作的，应当由符合相应条件的卫生专业技术人员执行。

采集、保藏、利用、对外提供我国人类遗传资源，应当符合伦理原则，不得危害公众健康、国家安全和社会公共利益。

自我健康管理

小于来到最后一个主题厅，想看看自我健康管理都有些什么内容。

该展厅的特点是以顺口溜或段子作为标题，并且内容都与日常生活有关。

在"不要做馋猫，小心病从口中来"标题下，用简笔漫画的形式介绍了"传统不代表科学、健康"，分析了无证小商贩兜售给孩子最多的小吃是哪些食品，如熏烤的肉制品、腌制或腊制食品、霉变食品、过度油炸食品、煎鱼或煎肉、老汤熬制食品等。提醒孩子不要到无证照的小摊上买"三无产品"，因为其卫生条件和产品质量都无法保证，吃了容易生病。

在"人懒没有好生活，嘴贪没有好体格。口欲虽满足了，身体却搞垮了"标题下介绍了一些食品添加剂、化学农药残留等方面的知识。人们在满足口欲的前提下吃食物是满足身体健康的需要，若以牺牲身体健康来满足口欲，显然是不明智的。

在"小心人兽共患疾病"标题下介绍了畜禽肉虽然是我们的美食，能吃入体内，但我们应与生畜禽肉亲密有隙。

⚠ 警惕危险

- 到"三无"（无照、无证、管理无规范）市场或小摊上购买产品。
- 吃不明来源的食物、死因不明的畜禽肉、不知道或者没有见过的食物、颜色过于鲜艳的加工食品。
- 吃变色、变味、腐烂变质食物。

- 吃有些用传统制作方法加工而成的土特产品。
- 吃散装无法清洗的食物。
- 只图鲜、嫩，或者吃半生不熟的动物性食品、未经高温消毒的食物。
- 买抗生素含量高的动物食品。
- 无防护直接接触生畜禽肉。
- 只图新、特、奇的味道。
- 无防护待在拥挤人群中。
- 随手乱放购物袋。
- 外套与在家里穿的内衣混放。
- 频繁使用现金后没有正确洗手。
- 随地吐痰。

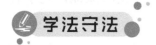

国家建立生物安全名录和清单制度。国务院及其有关部门根据生物安全工作需要，对涉及生物安全的材料、设备、技术、活动、重要生物资源数据、传染病、动植物疫病、外来入侵物种等制定、公布名录或者清单，并动态调整。

参 考 文 献

秦川，2007. 现代生活与生物安全[M]. 北京：科学普及出版社.

秦川，2019. 科学家如何做科普[M]. 北京：知识产权出版社.

秦川，2020. 亲密，有隙[M]. 北京：科学技术文献出版社.